农村食品

安全手册

赵小龙 张文强 袁瑞玲 ◎ 主编

U0306802

中国农业科学技术出版社

图书在版编目（CIP）数据

农村食品安全手册／赵小龙，张文强，袁瑞玲主编 . —北京：
中国农业科学技术出版社，2021.4（2024.11重印）

ISBN 978-7-5116-5236-2

Ⅰ.①农…　Ⅱ.①赵…　②张…　③袁…　Ⅲ.①农村-食品安全-
手册　Ⅳ.①TS201.6-62

中国版本图书馆 CIP 数据核字（2021）第 049740 号

责任编辑　崔改泵　褚　怡
责任校对　马广洋
责任印制　姜义伟　王思文

出 版 者　中国农业科学技术出版社
　　　　　北京市中关村南大街 12 号　邮编：100081
电　　话　（010）82109194（编辑室）　　（010）82109702（发行部）
　　　　　（010）82109709（读者服务部）
传　　真　（010）82106650
网　　址　http://www.castp.cn
经 销 者　各地新华书店
印 刷 者　中煤（北京）印务有限公司
开　　本　880 mm×1 230 mm　1/32
印　　张　4.625
字　　数　125 千字
版　　次　2021 年 4 月第 1 版　2024 年 11 月第 10 次印刷
定　　价　30.00 元

《农村食品安全手册》
编委会

主　编：赵小龙　　张文强　　袁瑞玲

副主编：周静华　　陈秋勇　　吴婷曼　　刘如香

　　　　王俊荣　　吕志强　　曹　奎　　彭春根

编　委：胡海琴　　罗　军　　院金谒　　刘文华

　　　　刘　荣　　亓星雨　　赵明远　　李向荣

前　言

俗话说："民以食为天，食以安为先。"农村是一个巨大的消费市场，更是食品安全卫生网络的重要部分，农村食品安全关系到广大农村群众的身体健康和生命安全，关系到经济健康发展和社会稳定，关系到社会主义新农村的建设。

本书分别从食品与食品安全概述，正确认识食品添加剂，粮食、豆类食品的安全与卫生，蔬菜、水果类食品的安全与卫生，肉类食品的安全与卫生，乳类食品的安全与卫生，水产品的安全与卫生，食用油脂的安全及控制，食品包装，常见食品的选购，食物过敏、食物中毒的预防和救治，食品安全消费维权等方面进行阐述，普及、提高农村群众对食品安全与健康的认识，内容通俗易懂，实用性强，对提高农村食品安全具有指导作用。

限于编者水平，本书难免有错漏之处，恳请广大读者批评指正。

编　者

目　　录

第一章　食品与食品安全概述

食物是人类生存和发展的基础，食物中的营养素和保健成分是人体维持生命、促进生长和健康长寿的物质支撑。随着生活水平的提高，人们对食物的要求已经不限于温饱和口味，更需要了解食物与健康之间的关系。与此同时，食品的生产、加工和烹调也需要科学的指导，以便生产出符合人类健康需要的优质产品。因此，每一个从事食品和健康相关行业的工作人员，都应学习营养学和食品安全方面的知识。

第一节　营养和食品安全的区别和联系

所有的食物都具有感官属性、安全属性和营养属性。也就是说，食物必须为人的感官所接受，具有令人愉悦的口味，同时要含有一种以上的营养素，而且不能带来可察觉的健康危害。如果一种食品不具备安全属性，那么食物的感官愉悦和营养品质就失去了基础。

从食物与健康的关系来说，食品安全主要是由食物生产者控制的问题，而营养则是由食物消费者主导的问题。消费者可以通过选择食物，并对食物进行合理搭配，来决定自己日常的营养质量。因此，营养的问题与膳食习惯和食物选择密切相关。食物生产者的任务，是给消费者提供更多健康的选择，帮助他们获得营养价值更高、营养素更为平衡的食品。

与此不同，消费者对包装食品的安全性并没有控制能力，完全依赖于食物生产者对食物进行合理的加工，在从原料到成品的各个环节上做好质量控制工作。因此，从事食物生产相关工作的人员，应当充分了解各类食物可能出现的安全问题，了解其中主要的不安全因素及其来源，做好食品卫生管理，给消费者提供安全、放心的食品。

在某种意义上，食物的营养属性和安全属性都是健康属性的一部分。没有安全就谈不上营养的意义，而没有营养价值的食品，即便再安全、再无污染，也不能实现维持生命、促进健康的目标。

第二节　营养学的起源和发展

现代人已经了解"病从口入"的道理。这个词不仅仅指食品不卫生会带来急性病痛，而且指营养不平衡会带来各种慢性疾病，以及营养不良会造成身体衰弱。

我国是最早记录营养缺乏病症的国家。早在公元前 2600 年，我国已有对脚气病、夜盲症治疗的记载。在公元前 1046—前 771 年的西周时期，官方已建立了完善的医政制度，并把医分为四大类，即食医、疾医、疡医和兽医，其中的食医排在诸医之首。"掌和王之六食、六饮、百羞、百酱、八珍之奇"（《周礼·天官》），现在来看，是专门从事饮食营养的医生，也可以说是有记载的最早的营养师。编写于战国时期的我国中医经典著作《黄帝内经》，对膳食平衡的概念进行了精辟的论述，对人们由摄取食物获得营养以维持正常生命活动有了明确的认识，强调"五谷为养，五果为助，五畜为益，五菜为充，气味合而服之，以补精益气"的原则，可以说是世界上最早的"膳食指南"。

我国唐代名医孙思邈主张"治未病"，在饮食养生方面强调顺应自然，避免"太过"和"不足"的危害。孙思邈还明确提出"食疗"的概念，"用之充饥则谓之食，以其疗病则谓之药"。《神农本草》《本草纲目》《食经》《千金方》等经典书籍记载了各种食物性质及对人体的影响。元代忽思慧的《饮膳正要》被称为我国历史上第一部真正的营养学专著。《饮膳正要》注意食物和药物的营养功能，把"食疗"发展成为"食养"，综合反映了我国古代在饮食营养学方面的成就。

在西方，关于营养方面的记载最早出现于公元前 400 多年。古希腊名医希波克拉底，在公元前 300 年就认识到食物对健康的重要性。他用动物肝脏治疗夜盲症，用海藻治疗甲状腺肿，用铸剑淬火用过的水治疗贫血，也提出过类似我国的药食同源的理论。

应该认识到，在漫长的人类发展过程中，各种不同文明都积累了丰富的食物营养知识。虽然文字的记载是有限的，但这些食物营养知识被人们世代相传，反复实践。正是这些积累，为现代营养学的产生和发展奠定了基础。

现代意义上的营养学诞生在 200 多年之前。18 世纪时，随着对生物氧化和各种食物成分的逐步了解，人们发现了食物中的蛋白质、脂肪、碳水化合物和常量矿物质元素的生理意义，证明这些食物成分是人体必需的营养素。到 20 世纪 50 年代，共有 40 多种营养素被鉴别出来，其生理学功能也得到了系统的研究。

与此同时，在以人为本理念的指导下，各国政府都日益重视国民的营养状况，把它作为社会经济发展的一个重要方面。同时，因为营养不平衡带来慢性疾病的高发，所以营养改善已经成为各国社会发展计划的重要组成部分。

第三节　我国的食物和营养状况

随着社会经济的发展，我国的食物供应已经超越了温饱阶段，营养状况和疾病谱也逐渐从以营养不足和感染性疾病为主转向以营养不平衡和慢性退行性疾病为主的阶段。

中国多数地区居民的传统膳食结构以植物性食品为主，有鲜明的主食、副食之分，其主要特点是：以谷类、淀粉豆类和薯类为主食，其他类别食品为副食；蔬菜摄入量大、种类多，特别是绿叶蔬菜品种繁多；肉类摄入量偏低，奶类消费量较小；有豆制品和谷豆类混合食用的传统；食物以天然形态初级产品为主，加工程度较低；碳水化合物在能量供应中所占比例较大，植物性蛋白质比例偏高，膳食纤维和抗氧化物质丰富；以植物油为烹调油，饱和脂肪较低，动物脂肪的供能比例低。这种以植物性食物为主的传统膳食结构，不易造成肥胖和慢性疾病，如果搭配合理，也可以有效控制营养不良的问题。

近30年来，由于经济快速发展，膳食结构也进入转型期，目前的膳食结构与上述我国传统膳食结构已经有很大的差异。2002年全国营养与健康调查表明：我国居民的谷类摄入量缓慢下降，但其中精白米面占据绝对优势；粗粮、薯类和干豆的摄入量均大幅度下降，特别是薯类；蔬菜摄入量也有下降趋势；豆制品摄入量虽有小幅上升，但总量仍然不足。这些问题都严重影响着国民的营养素供应，也关系到慢性疾病的发病率。

虽然食物供应持续丰富，但由于蔬菜、乳类、薯类、豆类摄入量低，故微量营养素供给不足的问题仍然普遍存在，特别是在一些经济相对不发达的地区更为明显。因此，我国目前要改善居民的营养状况，存在着"双重压力"，既有预防慢性疾病的压力，也有增加微量营养素供应的压力。

目前，我国城乡居民常见缺铁性贫血、维生素 A 缺乏等问题，维生素 B_2 和维生素 B_1 的供应量也不足。贫血、缺钙、缺锌、维生素 A 缺乏等仍然是不可忽视的营养问题。

2002 年全国营养与健康调查表明：我国 2 岁以内婴幼儿贫血率为 24.2%，育龄妇女贫血率为 20.6%，60 岁以上老人贫血率为 24.2%；城乡居民维生素 A 边缘缺乏率为 45.1%，3~12 岁儿童维生素 A 缺乏率为 9.3%；钙的摄入量为 380 毫克/天，不足适宜摄入量的一半，甚至低于许多亚洲国家的水平；农村地区儿童营养不良多见，5 岁以下儿童的生长迟缓率和低体重率分别为 17.3% 和 9.3%，贫困农村分别高达 29.3% 和 14.4%。

与微量营养素不足同时存在的是各种慢性疾病的发病率不断上

升。在城市地区和农村富裕人群当中，能量、脂肪、蛋白质过剩的问题与营养不良同时存在，城市居民的疾病模式从以急性感染性疾病为主转为以癌症和慢性疾病为主。2002 年全国营养与健康调查表明：大城市成年居民的超重、肥胖和糖尿病发生率分别达到30.0%、12.3%和6.4%；全国成年人中，有 11.9%的人的血清甘油三酯升高，且城乡差异不大。特别值得注意的是，中年人和老年人的慢性疾病发生率接近，且中青年男性的肥胖率高于女性。

我国目前正在推进医疗改革，所有国民都有得到医疗服务的权利。这个改革计划的基础，就是通过健康生活来预防各种疾病，否则昂贵的医疗费用将会吞噬我国的社会经济发展成果，使国家和家庭都不堪重负。而健康饮食，作为健康生活四大基石之首，起着至关重要的作用。

由以上介绍与分析可见，营养学是一门具有重大社会效益的学科。对于一个从事食品和健康相关行业的人员来说，需要了解：食物的营养成分，这些营养成分对人体有什么生理作用，对健康有什么影响；如何设计合理的食品和不同人群的膳食，使自己和他人更健康；用营养学的理念来指导食物生产、食品加工和流通，以改善国民体质，促进社会经济的发展。

第四节　食品安全和食品卫生

"国以民为本，民以食为天，食以安为先"，此话道出了食品安全的重要性。走进 21 世纪，我们不得不考虑科学和生产均突飞猛进的 20 世纪留下的一系列食品安全问题。

"食品安全"的概念与内涵具有双重性：一是以食品"供给保障"安全为内涵的食品安全，亦称食品"量"安全，与"粮食安全"具有等同含义，为宏观性食品安全概念；二是以保障人体健康安全为内涵的食品安全，也称食品"质"安全，为微观性食品安全概念。两重概念之间互为前提和制约。

20世纪末接二连三的重大食品安全问题令全球震惊，如日本的大肠埃希菌O157：H7暴发流行、比利时的二噁英污染和英国的疯牛病事件，都广泛地引起了人们对食品安全问题的高度关注。食品安全问题不仅威胁着公众健康，而且直接造成了农业、食品加工业、食品贸易以及旅游业等的经济损失，严重地影响经济建设与社会稳定。如何保证食品安全，不仅是一个国家或地区面临的重大问题，也是全世界共同关注的重大问题。

中国全面推进食品安全治理，全面实施食品放心工程和食品安全专项整治，积极广泛地开展食品安全国际交流与合作。通过几年来的努力，中国食品监管水平不断提高，制造、销售假冒伪劣食品的猖獗势头得到遏制，食品生产经营秩序逐渐好转，与人民群众生活息息相关的粮、油、蔬菜、肉、水果、奶制品、豆制品和水产品的质量安全状况大幅度改善，国民患食源性疾病的风险降低，突发事件的应急反应能力大幅度提高，公共卫生得到有效维护。

尽管我国食品安全形势总体好转，但在我国的食品产供销系统中仍存在着以下问题：小规模生产占比较高，大量食品经过多个加工环节和中间流转环节，基础设施和设备不足，食品暴露和污染及掺假风险较大，农业现代化操作和食品生产专门技术和知识缺乏，控制食品安全的基本设施和资源不足，食品安全教育不够普及，食品安全标准体系与食品安全形势的要求存在明显差距等。中国食品安全监管形势从整体上看仍不容乐观。

无论在发达国家，还是在发展中国家，由食品安全问题导致的食源性疾病都是一个严峻的社会问题，人人都面临着患食源性疾病的危险。国家之间在食品安全和质量要求方面不断出现的争端，严重阻碍了国际食品贸易的发展。

只有对"从农场到餐桌"的全过程运用科学的方法，对各个环节和要素进行全过程的有效控制和监督管理，才能最大限度地降低食品风险，促进农业、食品工业和食品贸易的发展，保障人民身体健康，维护消费者切身利益。

第二章　正确认识食品添加剂

随着生活水平的提高和生活节奏的加快，人们对食品的要求越来越高，不仅要求营养丰富，还要求其色、香、味、形俱佳，食用方便，这就使食品添加剂的研究应用成了食品生产中最活跃、最有创造力的领域。同时因违规添加食品添加剂而引发的不良事件，让大众对食品安全更加关注，食品添加剂的安全问题也越来越引起人们的重视。

食品添加剂满足了人类对食品数量及质量的需求，但食品添加剂多数为化学合成物质，具有一定的毒性，可以说食品添加剂是一把"双刃剑"，若在规定的使用范围和使用剂量内使用，是安全的，只是对于像儿童、孕妇、肝功能不好等特殊人群来说，选择食物需要谨慎。如果违规滥用食品添加剂，可能引起人体急性中毒、亚急性中毒和慢性中毒。

第一节　食品添加剂概述

人类使用食品添加剂的历史相当悠久，早在东汉时期，我国就已开始应用凝固剂——盐卤来点制豆腐，这种传统的添加剂被我们食用了几千年。食品添加剂是现代食品加工不可缺少的主要基础配料，其使用水平是食品工业现代化的主要标志之一。随着我国食品工业的迅速发展，食品添加剂的品种和数量急剧增加。在一些发达国家，所使用的食品添加剂的品种和数量均多于我国。目前全世界使用的食品添加剂有 4 000~5 000 种。

食品添加剂广泛地应用于食品行业各个领域，在食品加工中发挥着不可替代的作用，这一点已经被食品业界广泛认同。食品添加剂在防止食品变质、改善食品的感官性状、保持食品的营养价值等方面都有极其重要的作用。目前，市场上不用食品添加剂的加工食品几乎没有，而它的好处也真实存在。以月饼为例，现代的月饼已经一改过去又甜又硬的老样子，变得又软口感又好，而且耐储存，这里面起主要作用的就是食品添加剂。

一、食品添加剂的定义

世界各国对食品添加剂的定义不尽相同，联合国粮食及农业组织（FAO）和世界卫生组织（WHO）对食品添加剂定义为：食品添加剂是有意识地一般以少量添加于食品，以改善食品的外观、风味、组织结构或贮存性质的非营养物质。按照这一定义，以增强食品营养成分为目的营养强化剂不包括在食品添加剂范围内。《中华人民共和国食品安全法》对食品添加剂的定义是：食品添加剂指为改善食品品质和色、香、味以及为防腐、保鲜和加工工艺的需要而加入食品中的人工合成或者天然物质。由此定义可见，食品营养强化剂属于食品添加剂。

食品添加剂的作用各异，如：改善食品的感官性状及风味的添加剂有着色剂、香料、漂白剂、增稠剂、甜味剂、疏松剂、护色剂、乳化剂等；为防止食品腐败变质或生物污染的添加剂有抗氧化剂和防腐剂；为便于加工的添加剂有稳定剂、乳化剂、消泡剂、食品工业用加工助剂等；为增加食品营养价值的添加剂有营养强化剂，能满足保健或其他特殊人群需要，如无糖食品、碘强化食盐等。现代食品生产已离不开食品添加剂。

我国和世界其他国家一样，对食品添加剂的管理非常严格，《食品添加剂卫生管理办法》要求建立完善的食品添加剂审批程序和监督机制。我国规定食品添加剂产品必须符合国家或行业质量标准，尚无国家、行业质量标准的产品，应制定地方或企业标准，按照地方或企业标准组织生产。

二、食品添加剂的使用原则

正确使用食品添加剂是安全的，目前为止，国内外尚未发现因正确使用食品添加剂而发生大规模的食品安全事故。如果不按要求而滥用食品添加剂，就会发生食品安全事故。为了确保将食品添加剂正确地使用到食品中，一般来说，其使用应遵循以下原则。

（1）经食品毒理学安全性评价证明，在食品添加剂使用限量内长期使用，对人体安全无害。

（2）不影响食品自身的感官性状和理化指标，对营养成分无破坏作用。

（3）食品添加剂应有中华人民共和国国家卫生健康委员会（以下简称卫健委，其继承了原卫生部的职能）颁布并批准执行的使用卫生标准和质量标准。

（4）食品添加剂在应用中应有明确的检验方法。

（5）使用食品添加剂不得以掩盖食品腐败变质或以掺杂、掺假、伪造为目的。

（6）不得经营和使用无卫生许可证、无产品检验合格证及污染变质的食品添加剂。

（7）食品添加剂在达到一定使用目的后，能够经过加工、烹调或储存而被破坏或排除，不摄入人体则更为安全。

三、食品添加剂的安全管理

我国现行的《食品安全国家标准　食品添加剂使用标准》（GB 2760—2014），对允许使用的食品添加剂品种、适用范围、最大使用量和允许残留量作出明确规定。如果超过该标准中规定的最大使用量，应按照《食品添加剂卫生管理办法》规定，向卫生部*提出审批，卫生部批准后方可使用。该标准规定了同一功能的食品

---

*　原卫生部已合并调整为卫健委，原有职能由卫健委承担。

添加剂在混合使用时，各自用量占其标准中最大使用量的比例之和不应超过 1。按照标准检测方法检出食品添加剂或其分解产物在最终食品中的残留量超过该标准规定的残留量水平，则是违法的。

1962 年，WHO/FAO 联合成立了国际食品法典委员会（Codex Alimentarius Commission，CAC），下设国际食品添加剂法典委员会（Codex Committee on Food Additives，CCFA），标志着食品添加剂已被认可，并纳入安全管理的范畴。食品添加剂法典委员会对食品添加剂的使用进行了严格的规定，并制定了食品添加剂的毒理学安全性评价程序。食品添加剂在被批准以前，都进行了严格的毒理学安全性评价，证明所获批的食品添加剂经过毒理学安全性评价，在规定的使用量下是安全的。欧盟环境委员会指出，非加工食品应当禁止使用食品添加剂，儿童食品应当禁止使用甜味剂、色素，其他食品应使用对人体无害的添加剂。

📖相关知识：食品加工过程中易滥用的食品添加剂

序号	食品类别	易滥用的添加剂品种或可能行为
1	渍菜（泡菜等）	着色剂（胭脂红、柠檬黄、诱惑红、日落黄等）超量或超范围使用
2	水果冻、蛋白冻类	着色剂、防腐剂的超量或超范围使用，酸度调节剂（己二酸等）的超量使用
3	腌菜	着色剂、防腐剂、甜味剂（糖精钠、甜蜜素等）超量或超范围使用
4	面点、月饼	超量使用乳化剂、防腐剂、甜味剂，违规使用着色剂
5	面条、饺子皮	面粉处理剂超量
6	糕点	超量使用膨松剂（硫酸铝钾、硫酸铝铵等），造成铝的残留量超标准；超量使用水分保持剂（磷酸钙、焦磷酸二氢二钠等）；超量使用增稠剂（黄原胶、黄蜀葵胶等）；超量使用甜味剂（糖精钠、甜蜜素等）
7	馒头	违法使用漂白剂（硫黄）熏蒸
8	油条	使用膨松剂（硫酸铝钾、硫酸铝铵）过量，造成铝的残留量超标准

（续表）

序号	食品类别	易滥用的添加剂品种或可能行为
9	肉制品和卤制熟食	使用护色剂（硝酸盐、亚硝酸盐），易出现使用量超标和成品中的残留量超标问题
10	小麦粉	违规使用二氧化钛，超量使用过氧化苯甲酰、硫酸铝钾，滥用滑石粉
11	臭豆腐等	硫酸亚铁

目前我国食品企业使用食品添加剂仍然存在 4 类问题：

（1）使用目的不正确，一些企业使用添加剂并非为了改善食品品质、提高食品本身的营养价值，而是为了迎合消费者的感官需求，降低成本，违反食品添加剂的使用原则。

（2）使用方法不科学，不符合食品添加剂使用标准的要求，超范围、超量使用。

（3）在达到预期效果的情况下，没有尽可能降低在食品中的用量。

（4）未在食品标签上明确标志，误导消费者。

为确保食品添加剂生产和使用的安全性，应建立 HACCP（Hazard Analysis and Critical Control Point，危害分析及关键控制点）体系，对食品添加剂的生产、加工、调制、处理、包装、运输、贮存等过程，采取切实有效的措施，以加强管制。当监测显示已建立的关键限值发生偏离时，采取已建立的纠偏措施，使食品添加剂的潜在危险得到预防和控制。

第二节　各类食品添加剂简介

食品添加剂都是在食品加工过程中根据需要人为加入的，可分为天然食品添加剂（如动植物的提取物、微生物的代谢产物及矿物质等）和化学合成食品添加剂（采用化学手段，使元素或化合物通过氧化、还原、缩合、聚合、成盐等合成反应而得到的物质）两大类。天然食品添加剂的毒性比化学合成食品添加剂弱，但是天然食品添加剂品种少，价格贵，目前使用的食品添加剂大多属于化学合成食品添加剂。化学合成食品添加剂若按照国家标准正确使用，则是安全的。我国 2015 年 5 月 24 日实施的《食品安全国家标准　食品添加剂使用标准》（GB 2760—2014）中列出了批准使用的食品添加剂 21 类 1 500 余种。

一、防腐剂

防腐剂是能抑制微生物活动，防止食物腐败变质的一类食品添加剂。它能够抑制微生物的生长和繁殖，防止食品腐败变质，以延长食品的保存期。一般，人们都认为食品的色、香、味是食品商品性的基础，但是如果食品没有一定的保藏期，它就不能发展为一种大规模的工业。要使食品有一定的保藏期，就必须采取一定的措施来防止微生物的感染和繁殖。工业实践表明，采用防腐剂是达到上述目的的最经济、最有效、最简捷的办法之一。防腐剂一般可以分为四大类。

（一）酸型防腐剂

常用的酸型防腐剂有苯甲酸、山梨酸和丙酸（及其盐类）。这类防腐剂的抑菌效果主要取决于它们未解离的酸分子，其效力随 pH 值而定，酸性越大，效果越好，在碱性环境中几乎无效。

1. 苯甲酸及其钠盐

苯甲酸在水中溶解度低，故多使用其钠盐，成本低廉。苯甲酸进入机体后，大部分在 9~15 小时内与甘氨酸化合成马尿酸而从尿中排出，剩余部分与葡萄糖醛酸结合而解毒。

2. 山梨酸及其盐类

由于山梨酸在水中的溶解度有限，故常使用其钾盐。山梨酸是一种不饱和脂肪酸，可参与机体的正常代谢过程，并被同化产生二氧化碳和水，故山梨酸可看成是食品的成分，按照目前的资料可以认为，它对人体是无害的。

3. 丙酸及其盐类

丙酸抑菌作用较弱，使用量较高。丙酸常用于面包糕点类，价格也较低廉。丙酸及其盐类，其毒性低，可认为是食品的正常成分，也是人体内代谢的正常中间产物。

4. 脱氢醋酸及其钠盐

脱氢醋酸及其钠盐为广谱防腐剂，特别是对霉菌和酵母的抑菌能力较强，为苯甲酸钠的 $2\sim10$ 倍。本品能迅速被人体吸收，并分布于血液和许多组织中，但有抑制体内多种氧化酶的作用，其安全性受到怀疑，故已逐步被山梨酸所取代，其每日允许摄入量（ADI）值尚未规定。

（二）酯型防腐剂

酯型防腐剂包括对羟基苯甲酸酯类（有甲、乙、丙、异丙、丁、异丁、庚等）。这类防腐剂的特点就是在很宽的 pH 值范围内都有效，对霉菌、酵母与细菌有广泛的抗菌作用。对霉菌和酵母的作用较强，但对细菌特别是革兰氏阴性杆菌及乳酸菌的作用较差。酯型防腐剂抑菌的能力随烷基链的增长而增强，溶解度随酯基碳链长度的增加而下降，但毒性则相反。将对羟基苯甲酸乙酯和丙酯复配使用，可增加其溶解度，且有增效作用。为了使用方便，可将防腐剂先用乙醇溶解，然后加入体系中，在胃肠道内能被迅速完全吸收，并水解成对羟基苯甲酸而从尿中排出，不在体内蓄积。我国目前仅限于应用丙酯和乙酯。

（三）生物型防腐剂

生物型防腐剂主要是乳酸链球菌素、溶菌酶等，这些物质在体内可以分解成营养物质，安全性很高，有很好的发展前景。乳酸链球菌素的优点是在人体的消化道内可被蛋白水解酶降解，因而不以原有的形式被吸收入体内，是一种比较安全的防腐剂。它不会像抗生素那样改变肠道正常菌群，以及引起常用其他抗生素的耐药性，更不会与其他抗生素出现交叉抗性。

（四）其他防腐剂

其他防腐剂包括：双乙酸钠，既是一种防腐剂，也是一种螯合剂，对谷类和豆制品有防止霉菌繁殖的作用；仲丁胺，本品不应添加于加工食品中，只在水果、蔬菜储存期作防腐使用，市售的保鲜剂如克霉灵、保果灵等均是以仲丁胺为有效成分的制剂；二氧化碳，二氧化碳分压的增高，影响需氧微生物对氧的利用，能终止各种微生物呼吸代谢，如高糖食品中存在着大量二氧化碳，可改变食品表面的 pH 值，而使微生物失去生存的必要条件。但二氧化碳只能抑制微生物生长，而不能杀死微生物。

目前人们普遍对防腐剂有负面看法，认为防腐剂都是危害健康的。这迫使人们一方面改进工艺，以尽量减少防腐剂的用量；另一方面，开发、应用一些无毒、无害或者低毒的防腐剂，如山梨酸、生物防腐剂、复配型防腐剂等。现在国内外都在积极研究天然防腐剂，但目前天然防腐剂的防腐能力较差，抗菌谱较窄，价格也比较高。据报道，为解决合成防腐剂的安全性问题，有人研究了一种人体不能吸收的高分子型防腐剂，这为防腐剂的发展开辟了一条新的途径。

二、抗氧化剂

抗氧化剂指防止或延缓食品成分氧化变质的一类食品添加剂。食品在生产、加工和贮藏的过程中，与氧作用出现的褪色、变色、产生异味异臭的现象就是食品的氧化变质。如肉类食品的变色，蔬菜、水果的褐变，啤酒的异臭味和变色等。饮食中的抗氧化剂长期以来备受国内外学者关注，这是因为：食物中的抗氧化剂能够保护食物免受氧化损伤而变质；抗氧化剂在人体消化道内具有抗氧化作用，防止消化道发生氧化损伤；抗氧化剂被吸收后，可在机体其他组织器官内发挥作用。

抗氧化性按其溶解性，可分为油溶性和水溶性两类：油溶性的抗氧化剂有丁基羟基茴香醚（BHA）、二丁基羟基甲苯（BHT）、特丁基对苯二酚（TBHQ）、没食子酸丙酯（PG）等；水溶性的抗氧化剂有抗坏血酸及其盐类、异抗坏血酸及其盐类等。抗氧化剂按其来源，可分为天然和人工合成的两类：天然的抗氧化剂有脑磷脂、茶多脂等；人工合成的抗氧化剂有二丁基羟基甲苯等。

（一）抗氧化剂的作用机理

抗氧化剂的作用机理比较复杂，存在多种可能性。有的抗氧化剂是由于本身极易被氧化，首先与氧反应，从而保护了食品，如维生素 E。有的抗氧化剂可以放出氢离子，将油脂在自动氧化过程中所产生的过氧化物分解破坏，使其不能形成醛或酮的产物，如硫代二丙酸二月桂酯等。有些抗氧化剂可能与其所产生的过氧化物结合，形成氢过氧化物，使油脂氧化过程中断，从而阻止氧化过程的进行，而本身则形成抗氧化剂自由基，但抗氧化剂自由基可形成稳定的二聚体，或与过氧化自由基结合而形成稳定的化合物，如BHA、BHT、TBHQ、PG、茶多酚等。

（二）几种常用的脂溶性抗氧化剂

1. BHA（丁基羟基茴香醚）

BHA 因为加热后，效果保持性好，在保存食品上有效，所以它是目前国际上广泛使用的抗氧化剂之一，也是我国常用的抗氧化剂之一。BHA 和其他抗氧化剂有协同作用，并与增效剂如柠檬酸等使用，其抗氧化效果更为显著。一般认为 BHA 毒性很小，较为安全。

2. BHT（二丁基羟基甲苯）

与其他抗氧化剂相比，BHT 稳定性较高，耐热性好，在普通烹调温度下影响不大，抗氧化效果也好，用于长期保存食品很有效。BHT 是目前国际上，特别是在水产加工方面广泛应用的廉价抗氧化剂。BHT 一般与 BHA 并用，并以柠檬酸或其他有机酸为增效剂。相对 BHA 来说，BHT 毒性稍高一些。

3. PG（没食子酸丙酯）

PG 对热比较稳定。PG 对猪油的抗氧化作用较 BHA 和 BHT 强些。毒性较低。

4. TBHQ（特丁基对苯二酚）

TBHQ 是较新的一类酚类抗氧化剂，其抗氧化效果较好。

油脂或食品中脂肪的氧化酸败，除与脂肪本身的理化性质有关外，也与温度、湿度、空气，具催化氧化作用的光、酶、铜、铁等因素有关。抗氧化剂的作用原理在于防止或延缓食品氧化反应的进行，但不能在氧化反应发生后复原，因此，抗氧化剂必须在氧化变质前添加。抗氧化剂的用量很小，必须与食品充分混匀，才能很好地发挥作用。另外，有些物质，其本身虽没有抗氧化作用，但与抗氧化剂混合使用，能增强抗氧化剂的效果，如柠檬酸、磷酸、苹果酸、酒石酸及其衍生物，被称为增效剂。另一些是由于与抗氧化剂的自由基作用，而使抗氧化剂再生。抗氧化剂的使用不仅可延长食品的贮存期、货架期，给生产者、经销者带来良好的经济效益，而且也给消费者提供可靠的商品。但从应用的角度来说，不论是合成的或天然的抗氧化剂，都不会是十全十美的，各种食品的性质、加工方法千差万别，单个的抗氧化剂不可能适合所有的要求，因此发展复配型的抗氧化剂是一个很好的方法。

案例："苏丹红 I"事件为食品添加剂问题敲响警钟

事件起因：

2005 年 3 月 4 日，亨氏辣椒酱在北京首次被检出含有苏丹红 I。不到 1 个月内，在包括肯德基等多家餐饮、食品公司的产品中相继被检出含有苏丹红 I。"苏丹红 I"事件席卷中国。

事件经过：

2005 年 2 月 18 日，在英国最大的食品制造商的产品中发现了被欧盟禁用的苏丹红 I 色素，下架食品达到 500 多种。

中华人民共和国国家质量监督检验检疫总局于 2005 年 2 月 23 日发出紧急通知，要求各地质检部门加强对含有苏丹红Ⅰ食品的检验监管，严防含有苏丹红Ⅰ的食品进入中国市场。

2005 年 3 月 4 日，北京市有关部门从亨氏辣椒酱中检出苏丹红Ⅰ。不久，湖南长沙坛坛香调料食品有限公司生产的"坛坛香辣椒萝卜"也被检出含有苏丹红Ⅰ。

2005 年 3 月 15 日，肯德基新奥尔良烤翅和新奥尔良烤鸡腿堡调料中发现了苏丹红Ⅰ成分。几天后，北京市有关部门在食品专项执法检查中再次发现，肯德基用在"香辣鸡腿堡""辣鸡翅""劲爆鸡米花"3 种产品上的"辣腌泡粉"中含有苏丹红Ⅰ。

随后，全国 11 个省市 30 家企业的 88 个样品被检出含有苏丹红Ⅰ，"苏丹红Ⅰ"事件席卷中国。

事件结果：

2005 年经过质监、公安部门一个多月的调查，发现本次事件中，广州田洋食品有限公司一直使用苏丹红Ⅰ含量高达 98% 的工业色素"油溶黄"生产辣椒红Ⅰ食品添加剂，而此食品添加剂正是此次"苏丹红Ⅰ"事件的源头。随后，该公司的两个主要涉案人员于 4 月 9 日被公安部门刑拘。

三、着色剂和发色剂

（一）着色剂

着色剂又称色素，是使食品着色，从而提高其感官性状的一类物质，可增加人们对食品的嗜好及刺激食欲。食用色素按其性质和来源可分为食用天然色素和食用合成色素两大类。

1. 食用合成色素

食用合成色素属于人工合成色素。食用合成色素的特点：色彩鲜艳，性质稳定，着色力强，牢固度大，可取得任意色彩，成本低廉，使用方便。但合成色素大多数对人体有害。合成色素的毒性，有的为本身的化学性能对人体产生直接毒性，有的在代谢过程中产生有害物质，有的在生产过程中还可能被砷、铅或其他有害化合物污染。食用合成色素同其他食品添加剂一样，为达到安全使用的目的，需进行严格的毒理学评价。

在我国目前允许使用的食用合成色素有苋菜红、胭脂红、赤鲜红（樱桃红）、新红、诱惑红、柠檬黄、日落黄、亮蓝、靛蓝和它们各自的铝色淀，以及合成的 β-胡萝卜素、叶绿素铜钠和二氧化钛。

2. 食用天然色素

食用天然色素主要是从动植物组织中提取的色素，其成分较为复杂，经过纯化后的天然色素，其作用也有可能和原来不同。在精制的过程中，天然色素的化学结构也可能发生变化。此外，在加工的过程中，天然色素还有被污染的可能，故不能认为天然色素就一定是纯净无害的。

（二）发色剂

发色剂又称护色剂，是可增强肉及肉类制品色泽的非色素物质。在食品的加工过程中，为了改善或保护食品的色泽，除了使用色素直接对食品进行着色外，有时还需要添加适量的发色剂，使制品呈现良好的色泽。

1. 发色剂的发色原理和抑菌作用

（1）发色原理。为使肉制品呈鲜艳的红色，在加工过程中多添加硝酸盐（钠或钾）或亚硝酸盐。硝酸盐在细菌硝酸盐还原酶的作用下，还原成亚硝酸盐。亚硝酸盐在酸性条件下会生成亚硝酸。在常温下，亚硝酸也可分解产生亚硝基，此时生成的亚硝基会很快与肌红蛋白反应，生成稳定的、鲜艳的、亮红色的亚硝化肌红蛋白，从而使肉保持稳定的鲜艳色泽。

（2）抑菌作用。亚硝酸盐在肉制品中，对抑制微生物的增殖有一定的作用。

2. 发色剂的应用

亚硝酸盐是添加剂中急性毒性较强的物质之一，是一种剧毒药，可使正常的血红蛋白变成高铁血红蛋白，失去携带氧的能力，导致组织缺氧。此外，亚硝酸盐为亚硝基化合物的前体，其致癌性引起了国际性的注意，因此各方面要求在保证发色的情况下，把硝酸盐和亚硝酸盐的添加量限制在最低水平。

抗坏血酸与亚硝酸盐有高度亲和力，在体内能防止亚硝化作用，从而几乎能完全抑制亚硝基化合物的生成。因此，在肉类腌制时添加适量的抗坏血酸，有可能防止生成致癌物质。

虽然硝酸盐和亚硝酸盐的使用受到很大限制，但至今国内外仍在使用。原因是亚硝酸盐对保持腌制肉制品的色、香、味有特殊作用，迄今未发现理想的替代物质。更重要的原因是亚硝酸盐对肉毒梭状芽孢杆菌有抑制作用。世界各国对硝酸盐和亚硝酸盐使用的食品及其使用量和残留量都有严格的要求。

四、漂白剂

漂白剂是破坏、抑制食品的发色因素，使其褪色或使食品免于褐变的物质，分为氧化漂白和还原漂白两类。我国允许使用的漂白剂有二氧化硫、亚硫酸钠、硫黄等，其中硫黄仅限于蜜饯、干果、干菜、粉丝、食糖的熏蒸。这类物质均能产生二氧化硫，二氧化硫遇水则形成亚硫酸。除具有漂白作用外，这些物质还具有防腐作用。此外，由于亚硫酸的强还原性，故能消耗果蔬组织中的氧，抑制氧化酶的活性，可防止果蔬中维生素 C 的氧化破坏。

亚硫酸盐在人体内可被代谢成为硫酸盐，通过解毒过程从尿中排出。亚硫酸盐这类化合物不适用于动物性食品，以免产生不愉快的气味。亚硫酸盐对维生素 B_1 具有破坏作用，故维生素 B_1 含量较多的食品如肉类、谷物、乳制品及坚果类食品也不适合。因为亚硫酸盐能导致过敏反应，所以亚硫酸盐在美国等国家的使用受到严格限制。

五、甜味剂

甜味剂指赋予食品或饲料以甜味的食物添加剂。目前世界上使用的甜味剂很多，有几种不同的分类方法。按其化学结构和性质，甜味剂分为糖醇类和非糖类甜味剂。糖醇类甜味剂多由人工合成，其甜度与蔗糖差不多。非糖类甜味剂的甜度很高，用量少，热值很小，多不参与代谢过程。按其来源，甜味剂可分为天然甜味剂和人工合成甜味剂。天然甜味剂又分为糖醇类和非糖类。其中，糖醇类有木糖醇、山梨糖醇、甘露糖醇等，非糖类包括甜菊糖苷、甘草、奇异果素等。人工合成甜味剂又分磺胺类和二肽类。磺胺类有糖精、环己基氨基磺酸钠、乙酰磺胺酸钾。二肽类有天门冬酰苯丙酸甲酯（又称阿斯巴甜）、L-α-天冬氨酰-N-（2,2,4,4-四甲基-3-硫化三亚甲基）-D-丙氨酰胺（又称阿力甜）。蔗糖的衍生物有三氯蔗糖、异麦芽酮糖醇（又称帕拉金糖）、新糖（果糖低聚糖）。

此外，甜味剂按营养价值，可分为营养性和非营养性甜味剂，如蔗糖、葡萄糖、果糖等也是天然甜味剂。由于这些糖类除赋予食品以甜味外，还是重要的营养素，供给人体以热能，通常被视为食品原料，一般不作为食品添加剂加以控制。

（一）糖精

糖精学名为邻-磺酰苯甲酰，是世界各国广泛使用的一种人工合成甜味剂，价格低廉，甜度大，其甜度相当于蔗糖的 300~500 倍。由于糖精在水中的溶解度低，故我国添加剂标准中规定使用其钠盐（糖精钠），量大时呈现苦味。一般认为糖精钠在体内不被分解，不被利用，大部分随尿排出而不损害肾功能，不改变体内酶系统的活性。全世界广泛使用糖精数十年，尚未发现对人体的毒害作用。

（二）环己基氨基磺酸钠（甜蜜素）

1958 年，甜蜜素在美国被列为"一般认为是安全物质"而被广泛使用，但在 20 世纪 70 年代曾报道本品对动物有致癌作用，1982 年的 FAO/WHO 报告证明其无致癌性。美国食品与药品管理局对其进行长期实验，于 1984 年宣布其无致癌性。但美国国家科学研究委员会和国家科学院仍认为甜蜜素有促癌和可能致癌作用，故甜蜜素在美国至今仍属于禁用于食品的物质。

（三）天门冬酰苯丙氨酸甲酯（阿斯巴甜）

阿斯巴甜的甜度相当于蔗糖的 100~200 倍，味感接近于蔗糖。它是一种二肽衍生物，食用后在体内分解成相应的氨基酸。我国规定阿斯巴甜可用于罐头食品外的其他食品，其用量按生产需要适量使用。

此外也发现了许多含有天门冬氨酸的二肽衍生物，如阿力甜，亦属于氨基酸甜味剂，以天然原料合成，甜度高。

 ## 案例：阿斯巴甜引发的可口可乐甜味剂事件

缘由：

2003 年 2 月 27 日，英国《星期日泰晤士报》刊登了一篇题为《秘密报告指控甜味剂》的文章，声称该报记者根据一份刚刚解密的研究报告发现，美国全国饮料协会早在 20 世纪 80 年代初曾对一种在汽水饮料中广泛使用的甜味剂——"阿斯巴甜"进行过研究，结果认为"阿斯巴甜"能分解甲醇和苯丙氨酸等有毒物质，从而影响人脑的正常工作。美国全国饮料协会反对在饮料中添加"阿斯巴甜"。这篇报道指出，包括可口可乐和百事可乐在内的许多饮料厂家都在使用"阿斯巴甜"。

《星期日泰晤士报》的这篇报道无疑是在人群里扔下了一颗重磅炸弹。很快，可口可乐饮料含有毒物质的消息就出现在互联网上，然后又快速传递到全球各个角落的计算机屏幕上。一场令可口可乐公司始料未及的"地震"已经在互联网的深处悄然爆发。

对策：

2003 年 3 月 1 日下午，来自各大媒体记者的电话就打进了可口可乐（中国）公司的办公室，要求对英国报纸的报道给予解释。于是可口可乐（中国）公司决定当晚召开新闻发布会，向新闻界澄清事实。

2003 年 3 月 1 日晚，可口可乐（中国）公司副总裁鲁大卫放下所有工作，出现在北京各大媒体的记者们面前。鲁大卫着重说明的一点是，在中国生产和销售的可口可乐系列饮料中均未使用"阿斯巴甜"，特别是红色罐装的可口可乐饮料中选用的是天然蔗糖，根本没有使用任何人工合成甜味剂。可口可乐产品中使用甜味剂的只有白色罐装的"健怡可乐"，而且"健怡可乐"也没有使用"阿斯巴甜"，而是采用了甜蜜素和糖精钠两种甜味剂，并在外包装上标明了这两种成分。

为了给自己的说法提供旁证，鲁大卫先生还出示了一份美国全国饮料协会于 2003 年 2 月 28 日发给英国《星期日泰晤士报》的声明。在这份声明中，美国全国饮料协会主席威廉·波尔指出，《星期日泰晤士报》报道引用的报告中提出的问题早已经过科学研究证明并不存在，而且"阿斯巴甜"已被全球 90 多个国家批准使用。威廉·波尔在这份声明中还批评英国《星期日泰晤士报》刊登的图片误导读者，因为可口可乐并不含有"阿斯巴甜"。

后果：

从 2003 年 2 月 28 日到 2003 年 3 月 1 日，业务遍布全球的可口可乐生意都有不同程度的影响，可口可乐公司动用宣传工具进行了一场危机公关。

（四）乙酰磺胺酸钾

本品对光、热（225℃）均稳定，甜感持续时间长，味感优于糖精钠，吸收后迅速从尿中排除，不在体内蓄积，与天门冬氨酰甲酯 1∶1 合用，有明显的增效作用。

（五）糖醇类甜味剂

糖醇类甜味剂属于一类天然甜味剂，其甜味与蔗糖近似，多系低热能的甜味剂。糖醇类甜味剂品种很多，如山梨醇、木糖醇、甘露醇和麦芽糖醇等，有的存在于天然食品中，多数通过将相应的糖氢化所得，而其前体则来自天然食品。由于糖醇类甜味剂升血糖指数低，也不产酸，故多用做糖尿病、肥胖病患者的甜味剂和用于防治龋齿。该类物质多数具有一定的吸水性，对改善脱水食品复水性、控制结晶、降低水分活性均有一定的作用。但由于糖醇的吸收率较低，尤其是木糖醇，故在大量食用时有一定的导致腹泻的危害。

（六）甜叶菊苷

甜叶菊苷为甜叶菊中含的一种强甜味成分，是一种含二萜烯的糖苷。它的甜度约为蔗糖的 300 倍。但甜叶菊苷的口感差，有甘草味，浓度高时有苦味，因此往往与蔗糖、果糖、葡萄糖等混用，并与柠檬酸、苹果酸等合用以减弱苦味，或通过果糖基转移酶或 α-葡萄糖基转移酶使之改变结构而矫正其缺点。国外曾对其作过大量的毒性实验，均未显示毒性作用。而在食用时间较长的国家，如巴拉圭，对本品已有 100 年食用史，日本也使用 15 年以上，均未见不良副作用报道。

此外，可由甘草、罗汉果、索马甜、非洲竹竽等植物中提取天然甜味剂。

六、其他食品添加剂

（一）酸度调节剂

酸度调节剂又称 pH 调节剂，是为增强食品中酸味和调整食品中 pH 值或起缓冲作用的酸、碱、盐类物质的总称。我国规定允许使用的酸度调节剂有柠檬酸、乳酸、酒石酸等，其中柠檬酸为广泛应用的一种酸味剂。

酸度调节剂具有增进食品质量的许多功能特性，如改变和维持食品的酸度并改善其风味，抗氧化作用，防止食品酸败，与重金属离子结合，防止氧化或褐变反应，稳定颜色，降低浊度，增强胶凝特性等作用。酸均有一定的抗菌作用，尽管单独用酸来抑菌防腐所需浓度太大，难以实际应用，但当以足够浓度，选用一定酸度调节剂与冷藏、加热等方法并用时，可以有效延长食品保存期。

酸度调节剂除可以调节食品的 pH 值、控制酸度、改善风味之外，尚有许多其他功能特性。它的有效应用主要考虑食品所需特性，通常以有机酸及具缓冲作用的盐为主。又由于很多有机酸都是食品的正常成分，或参与人体正常代谢，因此其安全性高，使用广泛。

（二）抗结剂

抗结剂是一种添加于颗粒、粉末状食品中，防止颗粒或粉状食品聚集结块，保持其松散或自由流动的物质。我国允许使用的抗结剂有亚铁氰化钾、硅铝酸钠、磷酸三钙、二氧化硅、微晶纤维素、硬脂酸镁、磷酸镁、滑石粉和亚铁氰化钠等。其中，亚铁氰化钾在"绿色"标志的食品中禁用。

（三）消泡剂

消泡剂可广泛用于植物有效成分提取及豆制品、制糖、乳品、食用蛋白、食品加工、饮料、啤酒、发酵等食品行业中。我国允许使用的消泡剂有乳化硅油、高碳醇脂肪酸酯复合物、聚氧乙烯聚氧丙烯季戊四醇醚、聚氧乙烯聚氧丙烯胺醚、聚氧丙烯甘油醚等。

（四）膨松剂

膨松剂多在以小麦粉为主的焙烤食品中添加，并在加工过程中受热分解，产生气体，使面坯起发，形成海绵状致密多孔组织，从而使制品膨松、柔软或酥脆。膨松剂可分为生物膨松剂（酵母）和化学膨松剂两大类。

（五）胶姆糖基础剂

胶姆糖基础剂指赋予胶姆糖（香口胶、泡泡糖）起泡、增塑、耐咀嚼等作用的物质。胶姆糖基础剂一般以高分子胶状物质（如天然橡胶、合成橡胶等）为主，加上软化剂、填充剂、抗氧化剂和增塑剂等组成。我国允许使用的胶姆糖基础剂为聚乙酸乙烯酯、丁苯橡胶。

（六）乳化剂

乳化剂是乳浊液的稳定剂。我国允许使用的乳化剂有蔗糖脂肪酸酯、酪蛋白酸钠、单硬脂酸甘油酯等。

（七）酶制剂

酶制剂指从生物（包括动物、植物、微生物）中提取的具有生物催化能力酶特性的一类物质，其主要作用是催化食品加工过程中的各种化学反应，改进食品加工方法，主要用于加速食品加工过程和提高食品产品质量。我国允许使用的酶制剂有木瓜蛋白酶、α-淀粉酶、精制果胶酶、葡萄糖氧化酶等。

（八）增味剂

增味剂指为补充、增强、改进食品中的原有口味或滋味的物质。有的增味剂称为鲜味剂或品味剂。我国允许使用的增味剂分氨基酸类型和核苷酸类型，包括5′-鸟苷酸二钠、5′-肌苷酸二钠、5′-呈味核苷酸二钠、谷氨酸钠、琥珀酸二钠等。

谷氨酸属于低毒物质，在一般用量条件下不存在毒性问题。核苷酸系列的增味剂均广泛存在于各种食品中，不需要特殊规定。

（九）面粉处理剂

面粉处理剂指能够使面粉增白和提高焙烤制品质量的一类食品添加剂。我国允许使用的面粉处理剂有过氧化苯甲酰、偶氮甲酰胺等。曾经广泛使用的溴酸钾因有一定的致癌作用，现已明令禁止使用。

（十） 被膜剂

被膜剂是一种覆盖在食物的表面后能形成薄膜的物质，可防止微生物入侵，抑制水分的蒸发或吸收，调节食物的呼吸。我国允许使用的被膜剂有紫胶、石蜡、白油（液体石蜡）、吗啉脂肪酸盐（果蜡）、松香季戊四醇酯等，主要应用于水果、蔬菜、软糖、鸡蛋等食品的保鲜。

（十一） 水分保持剂

在食品加工过程中，加入水分保持剂后，可以提高产品的稳定性，保持食品内部持水性，改善食品的形态、风味、色泽等。水分保持剂多指用于肉类和水产品加工，增强其水分的稳定性。我国允许使用的水分保持剂有磷酸氢二钠、六偏磷酸钠、三聚磷酸钠、焦磷酸钠、磷酸二氢钠、磷酸钙、焦磷酸二氢二钠、磷酸氢二钾等。使用磷酸盐时，应注意钙磷比例为 1：1.2 较好。

（十二） 营养强化剂

营养强化剂指为增强营养成分而加入食品中的天然或者人工合成的属于天然营养素范围的食品添加剂。我国允许使用的营养强化剂主要有氨基酸类、维生素类及矿物质类等。

（十三） 稳定和凝固剂

稳定和凝固剂指为使加工食品的形态固化，降低或消除其流动性，使组织结构不变形，增加固形物而加入的物质。我国允许使用的稳定和凝固剂有硫酸钙（石膏）、氯化钙、氯化镁（盐卤、卤片）、丙二醇、乙二胺四乙酸二钠（EDTA）、柠檬酸亚锡二钠、葡萄糖酸 δ 内酯、不溶性聚乙烯吡咯烷酮、六偏磷酸钠、磷酸三钠等。

（十四） 增稠剂

增稠剂又称胶凝剂，用于食品时又称糊料或食品胶。我国允许使用的增稠剂有琼脂、明胶、羧甲基纤维素钠等。

（十五） 食品用香料

食品用香料指能够调配食品用香精的香料。食用香料在食用香精中所占比例很小。食用香料包括天然香料、天然等同香料和人造香料3种。

（十六） 食品工业用加工助剂

食品工业用加工助剂指保证食品加工能顺利进行的各种辅助物质，与食品本身无关，如助滤、澄清、吸附、润滑、脱膜、脱色、脱皮、提取溶剂、发酵用营养物等。一般应在制成最后成品之前除去，有的应规定食品中的残留量，其本身亦应为食品级商品。

在食品添加剂的研制、使用中，最重要的是安全性。因此，世界各国都很重视对食品添加剂安全使用的监管，对各种食品添加剂能否使用、适用范围和最大使用量，都有严格的规定，并受法律、法规的制约。

第三章 粮食、豆类食品的安全与卫生

粮食、豆类食品在我国推荐膳食指南的最下一层，意味着占每天食物摄入比例最大，其安全状况对人类的健康影响也较大。

第一节 安全问题

威胁粮食、豆类食品的安全问题因素主要有以下几种。

（一）霉菌和霉菌毒素

粮食、豆类在农田生长、收获和贮存过程中均可被霉菌污染。污染粮食、豆类的霉菌多属于腐生微生物，可引起粮食、豆类的霉变，对贮藏粮食、豆类的危害性很大，人畜食用被霉菌毒素污染的粮食、豆类和饲料，可引起真菌性食物中毒，人体长期蓄积霉菌毒素可致癌。

（二）农药

残留在粮食、豆类中的农药可与粮食、豆类一起进入人体而损害机体健康。防治病虫害和除草时直接施用的农药，作物生长环境受非接施用农药的污染（如农药通过水、空气、土壤途径等传播），均可使农药进入粮食、豆类作物。

（三）食品添加剂

我国粮食、豆类制品生产中使用的食品添加剂有凝固剂、消泡剂、漂白剂等。违规使用这些添加剂，可引起铅、砷、汞等重金属污染和二氧化硫残留超量。常见小麦粉中违规使用二氧化钛、超量使用过氧化苯甲酰和硫酸铝钾、滥用滑石粉，臭豆腐中滥用硫酸亚铁等。

（四）有毒、有害物质

粮食、豆类作物中的汞、镉、砷、铅、铬、酚和氰化物等有毒、有害物质主要来自未经处理或处理不彻底的工业废水和生活污水对农田的灌溉。以重金属为主的无机有害成分或中间产物可通过污水灌溉，严重污染农作物。

（五）仓储害虫

我国常见的仓储害虫有甲虫、螨虫及蛾类等 50 余种，当仓库温度在 10℃ 以下时，害虫活动才会减少。仓储害虫在原粮和半成品粮上都能生长，并使其发生变质而失去或降低食用价值。

（六）其他污染

这里的其他污染主要指无机夹杂物和有毒种子的污染。泥土、沙石和金属是粮食、豆类中的主要无机夹杂物，这类污染物不但影响感官性状，而且损伤牙齿和胃肠道组织。麦角、毒麦等有毒植物种子在农田生长期和收割时可混入粮食、豆类中。

（七）掺假

豆浆过量兑水、豆腐制作时加米浆或纸浆、点制豆腐脑时加尿素等，这些卫生与质量问题不仅降低食品的营养价值，更对食用者的健康造成威胁。

（八）违法添加非食用物质

为提高馒头的筋度及口感，不法商贩超量使用增筋剂或违法添加一些有增筋作用的物质，并违法使用硫黄熏蒸，让面团发得更大、成品更筋道、蒸出来的馒头更白；用工业矿物油处理陈化大米，以改善外观；用吊白块处理腐竹、粉丝、面粉，以期增白、保鲜、增加口感和防腐；用硼酸、硼砂和溴酸钾处理腐竹、凉粉、凉皮、面条、饺子皮，以增筋；用工业染料对小米、玉米粉等着色。

📖 案例：武汉 36 家豆制品店"挂羊头卖狗肉"被查

2009 年 9 月，武昌工商执法人员突查 85 家豆腐门面，有四成门面是"挂羊头卖狗肉"。2009 年 9 月 21 日，武昌工商部门执法人员对全区开展豆制品集中整顿，在得胜桥生鲜市场一户悬挂着"豆香聚豆制品"招牌的摊点前，执法人员询问豆制品来源时，商家承认，其豆制品并非"豆香聚"的产品，而是产自周边的小作坊，自己只是利用"豆香聚"的名气来增加销售量。在武车生鲜市场，一户悬挂着"豆花香放心豆制品"的摊点产品也是自产的豆制品，该老板甚至对执法人员称，"豆花香"是名牌产品，悬挂他家的招牌产品好卖一些。武汉市逐步推行豆制品市场准入制，没有取得"放心豆制品"资格的产品将不得销售。于是，一些豆制品商户想出歪招，挂着大企业"放心豆制品"的牌子，卖的却是自产的或者来自小作坊的豆制品。这些豆制品从原料到食品加工的各个环节都没有得到有效的控制，食品安全问题很多，是导致食品安全事件的重要隐患。

第二节　安全控制

粮食、豆类食品的安全管理，主要从影响其安全性的因素出发，避免这些因素对粮食、豆类食品产生危害。

一、过程控制

（一）种植过程

为控制粮食、豆类中农药的残留，必须合理使用农药，严格遵守《农药安全使用规定》和《农药安全使用标准》；防止无机夹杂物及有毒植物种子污染，粮食、豆类中混入的泥土、沙石、金属屑及有毒植物种子对粮食、豆类的保管、加工和食用均有很大的影响。

(二) 贮藏

为使粮食、豆类在贮藏期不受霉菌和仓储害虫的侵害，保持原有的质量，应严格执行粮库的卫生管理要求。仓库使用熏蒸剂防治虫害时，要注意使用范围和用量；将粮食、豆类水分控制在安全贮存所要求的水分含量以下；采用培育抗霉新种，提高入库粮食、豆类质量和库藏条件，分级分仓贮藏，采取物理化学方法等综合防霉措施。

(三) 加工

粮食、豆类在加工时，应将有毒植物种子，无机夹杂物，霉变的粮食、豆类籽粒去除，严格按规定使用增白剂等食品添加剂。用于生产豆制品的各种豆类原料须符合卫生质量要求；在种植和食品生产过程中必须执行 GMP 和 HACCP 等管理体系，以保证粮食、豆类食品的安全。

相关知识: HACCP 与 GMP

HACCP: hazard analysis critical control point，译成汉语为"危害分析及关键控制点"，是一种对食品安全性特别关注的、系统的、科学的过程控制模式。HACCP 是针对在生产和分销过程中可能发生危害的环节，应用相应的控制方法来防止食品安全问题发生的一种体系。

GMP: good manufacturing practice，译成汉语为"良好作业规范"或"优良制造标准"，是一种特别注重在生产过程中实施对产品质量与卫生安全的自主性管理制度。GMP 要求食品生产企业应具备良好的生产设备、合理的生产过程、完善的质量管理和严格的检测系统，确保最终产品的质量（包括食品安全卫生）符合法规要求。

GMP 和 HACCP 的关系: GMP 和 HACCP 系统都是为保证食品安全和卫生而制定的一系列措施和规定。GMP 是适用于所有相同类型产品的食品生产企业的原则，而 HACCP 则依据食品生产厂及其生产过程不同而不同。GMP 体现了食品企业卫生质量管理的普遍原则，而 HACCP 则是针对每一个企业生产过程的特殊原则。

（四）运输、销售

运输应有清洁卫生的专用车，以防止意外污染。粮食、豆类包装必须专用，并标明"食品包装用"字样。包装袋使用的原材料须符合卫生要求，袋上油墨应无毒或低毒，不得向内容物渗透。

二、依法监管

食用原粮和成品粮须符合《粮食卫生标准》的要求，以谷类、薯类、豆类等植物为主要原料制成的淀粉类制品须符合《淀粉制品卫生标准》，以淀粉为原料或含淀粉的食品须符合《淀粉糖卫生标准》，以面粉、大米、杂粮等粮食为主要原料的速冻食品须符合《速冻预包装面米食品卫生标准》的规定。豆类制品相应的国家卫生标准为《非发酵性豆制品及面筋卫生标准》《发酵性豆制品卫生标准》《食用大豆粕卫生标准》和《坚果食品卫生标准》等。

第四章　蔬菜、水果类食品的安全与卫生

蔬菜、水果是维生素和矿物质的主要来源，其水分含量较多，给安全管理带来一定难度。

第一节　安全问题

蔬菜和水果的安全问题主要集中在种植过程，灌溉、施肥、农药都是威胁蔬菜、水果安全的主要因素。

一、腐败变质

蔬菜、水果在采收后，仍继续进行着呼吸，呼吸作用分解产生的代谢产物可导致蔬菜、水果腐烂变质，尤其是无氧条件下呼吸产生的乙醇在蔬菜、水果组织内的不断积累，可加速蔬菜、水果的腐烂变质。腐败菌在果蔬的腐败变质中发挥着重要作用。

二、食物中毒和肠道传染病

施用人、畜粪便和生活污水灌溉果园、菜地，果蔬被肠道病原体和寄生虫卵污染的情况较严重。新鲜果蔬表面检出大肠杆菌污染率为67%~95%。某批次果蔬蛔虫卵污染率为48%，钩虫卵污染率为22%。生食不洁的黄瓜和番茄等果蔬在痢疾的传播途径中占主要地位。

三、农药

蔬菜和水果常被施用较多的农药，其农药残留问题也较严重。

例如,《农药安全使用规定》禁止在蔬菜、水果上使用高毒杀虫剂如甲胺磷等。我国卫生标准明确规定蔬菜中不得检出对硫磷,但部分蔬菜、水果中仍可检出对硫磷。

四、有害化学物质

工业废水中含有许多有害物质,如酚、镉、铬等,若不经处理而直接灌溉菜地果园,则毒物可通过蔬菜进入人体,产生危害。

第二节　安全控制

蔬菜和水果都是可以生吃的食物,因此其安全管理应更加严格。

一、肠道微生物及寄生虫卵污染检测

用生活污水灌溉时,应先将污水进行沉淀,以去除寄生虫卵,禁止使用未经处理的生活污水灌溉。水果和生食的蔬菜在食用前应洗干净,必要时应消毒。蔬菜、水果在运输与销售时,应剔除残叶、烂根、破损及腐败变质部分。

二、施用农药的卫生要求

蔬菜的特点是生长期短,植株的大部分或全部均可食用而且无明显成熟期,有的蔬菜自幼苗期即可食用,一部分水果食用时无法去皮。因此,应严格控制蔬菜、水果中的农药残留,严格遵守并执行有关农药安全使用规定,高毒农药不得用于蔬菜、水果,控制农药的使用剂量。

三、贮藏卫生要求

蔬菜、水果含水分多,组织嫩脆,易损伤和易腐败变质,因此贮藏的关键是保持蔬菜、水果的新鲜度。贮藏条件应根据蔬菜、水果的种类和品种特点而异。适宜的低温保藏既能抑制微生物生长繁殖，又能防止蔬菜、水果的组织间隙结冰，避免在冰融时因水分溢出而造成蔬菜、水果的腐败。蔬菜、水果大量上市时，可用冷藏或速冻的方法贮藏。

四、蔬菜、水果卫生质量要求

变质蔬菜如严重腐烂，可出现腐臭气味，亚硝酸盐含量增多或蔬菜出现严重虫蛀、空心，不可食用。优质水果的表皮色泽光亮，肉质鲜嫩、清脆，有固有的清香味。次质水果的表皮较干，不够光泽丰满，肉质鲜嫩度差，清香味减退，略有小烂斑点，有少量虫伤，去除腐烂和虫伤部分，仍可食用。变质水果如出现严重腐烂、虫蛀、变味，则不可食用。

第五章　肉类食品的安全与卫生

肉类有生鲜肉、冷却肉（排酸肉、冰鲜肉、冷鲜肉）和冻肉。肉类的安全问题和安全管理与牲畜的养殖和宰前、宰后管理关系密切。

第一节　安全问题

肉类的安全问题主要是生物性污染和化学性污染。

一、生物性污染

生物性污染主要导致肉的腐败变质和各种食源性疾病。腐败变质的肉既含有大量的病原体，又含有腐败变质的有毒产物，肉品已失去营养价值，并对人类健康有很大的危害，可导致人体食物中毒。这些肉还可携带传染性病原和寄生虫，可导致食用者感染传染病和寄生虫病。

二、农药和兽药的残留

饲料中含有的农药（杀菌剂和杀虫剂等）可以通过牲畜的消化系统进入体内，并残留在畜肉中。对牲畜进行体表杀虫时使用的杀虫剂、避免疾病时使用的抗生素、促进生长和改善体质结构使用的生长促进剂和激素等，都可以在畜肉中残留。

三、重金属和砷污染

用含重金属的废水灌溉农田或对作物施用含重金属的农药，重金属可以进入植株，并蓄积在果实内。牲畜如食用含重金属的饲料，则肉中也会含有重金属，并且不容易通过加工去除。牲畜如食用含砷肥料、农药及含砷废水污染的饲料，可使畜肉中有毒的无机砷含量超标并有可能转变为有机砷，人摄入后引起神经系统、肝脏、肾脏等重要器官发生病变。

四、注水肉

"注水肉"也称"灌水肉"，是不法商贩为牟取暴利，于屠宰前给动物强行灌水，或者屠宰后向肉内注水制成，注水量可达净质量的15%~20%。在"注水肉"里，可能添加了阿托品、矾水、卤水、洗衣粉、明胶、工业色素和防腐剂等，也可能注入污水，带入重金属、农药等有毒、有害物质和各种寄生虫、病原微生物等，使肉品失去营养价值，易腐败变质，也会产生细菌毒素，对人体产生极大危害。

第二节　安全控制

 案例：夜查抓了个"现行"

有市民举报天津市西青区西辛源屠宰厂及周围的一些屠宰厂长期大量生产注水猪肉。2009年1月16日21时，天津市食品安全委员会办公室、天津市公安局等有关部门突击夜查这家屠宰厂，果然抓了个"现行"。门后是一座600平方米左右的待宰猪圈，用不到1米高的砖墙分隔成10多个待宰猪栏。大量铁钩子、塑料短水管、水桶、带血的尖刀和几瓶不明液体杂乱地丢在圈里，显然是厂内人员慌乱中来不及清理留下的。待宰猪圈应该是活猪屠宰前禁食、禁水、静养的地方，不应该有上述东西，这些物品显然是给猪注水用的。

具有讽刺意味的是，该厂大门口停放的冷藏车上竟然印着

"放心肉"几个大红字。闻讯而来的屠宰厂厂长说，他刚从外面回来不了解厂内情况，不知道有注水行为。

这个厂日屠宰生猪400多头，大多销往天津市南开区等市场及周边省份。

为保证畜肉食品的安全，除须加强检验检疫和宰前、宰后管理工作外，还应合理使用投入品和净化养殖环境等。

一、宰前管理

牲畜宰前管理有助于降低宰后肉品的污染率，增加宰后肉品的糖原含量，便于进行屠宰加工。宰前检验检疫须进行严格的外观、行为观察，必要时进行病原学检查。

二、屠宰场卫生要求

我国《肉类加工厂卫生规范》规定，肉类联合加工厂、屠宰厂及肉制品厂应建在地势较高、干燥、水源充足、交通方便、无有害气体及其他污染源的地方，屠宰厂的选址必须与生活饮用水的地表保护区有一定距离，厂房设计应避免交叉污染。

三、宰后卫生检验检疫

这是兽医卫生检验检疫最重要的环节，是宰前检验检疫的继续和补充，可发现宰前检验检疫中未被发现或症状不明显的疾病，保证肉品卫生质量和食用者安全。宰后检验检疫通常包括头部检验、内脏检验和肉品检验。

四、贮藏、运输、销售过程的卫生要求

肉及肉制品贮藏时须做好检验工作，凡质量不合格的肉及肉制品不能入库贮藏。肉及肉制品应按入库时间、生产日期和批号分别存放，存放时应吊挂或放置于容器中，不能直接着地或依靠运输工具箱壁放置和存放。

五、"注水肉"的监管

《中华人民共和国动物防疫法》中对"注水肉"无相关规定，检疫员不需检查注水项目，直到肉进入流通领域，工商部门才可依法监管。加强对屠宰行业的监管，全面取消代宰制，明晰屠宰场对其产品的责任，出台相关法律法规，将有利于治理"注水肉"的泛滥。

六、兽药残留的对策

国家已通过法律、法规规范了动物及动物性产品从养殖到加工的全过程，动物性食品的安全质量有了一定的改变和提高。贯彻、落实《中华人民共和国畜牧法》，改变农民很难获得全面养殖技术的现状，建立不同时期的动物疾病、新兽药、新兽药添加剂及有毒、有害化合物的生物风险评价制度。要想减少兽药的使用，首先要减少疾病的发生。保证兽药的合理和安全使用，提高人们对畜产品的安全意识。

七、有关卫生标准

《鲜（冻）畜肉卫生标准》规定，鲜（冻）畜肉须持有产地兽医检疫证明，无异味、无酸败味，其理化指标为：挥发性盐基氮≤15毫克/100克，铅≤0.2毫克/千克，无机砷≤0.05毫克/千克，镉≤0.1毫克/千克，总汞≤0.05毫克/千克。农药残留按《食品安全国家标准　食品中农药最大残留限量》执行，兽药残留按国家标准及有关规定执行。我国《饲料卫生标准》规定，猪、家禽配合饲料中砷含量≤2毫克/千克，猪、家禽浓缩饲料、添加剂预混饲料中砷含量≤10毫克/千克，但未规定铜、锌的含量。猪饲料营养标准中，一般含铜4~6毫克/千克。

第六章　乳类食品的安全与卫生

奶及奶制品营养丰富，尤其是含有丰富的钙和优质蛋白质。但这类食品非常容易腐败变质，为保证奶及奶制品的安全，食用之前必须对其进行消毒。

第一节　牛奶的安全和控制

刚挤出的乳汁中含有乳烃素等一些抑菌物质，但乳烃素不耐热，其抑菌作用的时间与奶中存在的各种菌的数量以及存放温度有关。当所含菌数量多、温度高时，抑菌时间就短，挤出的奶应及时冷却。

一、腐败变质

奶被微生物污染后，在适宜的条件下，微生物可以大量繁殖，并分解奶中的各种营养成分。奶腐败变质时，其理化性质及营养成分均发生改变，导致蛋白质凝固；蛋白质的分解产物，如硫化氢、吲哚等可使奶具有臭味，不仅影响奶的感官性状，而且失去食用价值。防止奶腐败变质的措施是做好奶生产过程中各环节的卫生工作，防止细菌污染。

小提示：保鲜奶为什么在保质期内就变苦了？

保鲜奶苦味产生的时间，一般在出厂后的 3~5 天，严重的在出厂后第 2 天就产生。可将造成保鲜奶苦味的原因分为两类：一是若产品细菌总数有大幅度增加，则应为生产过程中的二次污染或产品冷链中断而造成产品贮运时温度升高所致；二是若产品细菌总数没有明显异常，则应归咎于原料奶的质量问题（即嗜冷菌产生的蛋白酶和脂肪酶所致）。

牛奶变质产生苦味的原因主要有以下两方面：

（1）蛋白质的分解。蛋白质被分解的过程叫蛋白质的水解。酶将蛋白质降解成各种肽，然后经过不同的肽酶，降解成更小的肽。在蛋白质水解过程中会产生苦味肽，这是牛奶变苦的一个重要原因。

（2）脂肪的分解。脂肪被酶分解的过程叫脂解。在脂解过程中，脂肪被水解成甘油和3个游离脂肪酸，有的脂肪酸是挥发性的，会释放出强烈的气味，如丁酸能放出特征性的酸败味。纯净的脂肪对微生物的分解有相对的抵抗性，但牛奶、稀奶油和奶油形式的乳脂肪中包含蛋白质、碳水化合物、矿物质等营养物质，所以对微生物很敏感。许多能够分解蛋白质的细菌和霉菌同时也能氧化脂肪。

低温引起牛奶变苦的主要微生物是嗜冷菌。嗜冷菌可以在4℃贮存的奶中生长。嗜冷菌经过48~72小时的驯化期，生长进入对数期，其结果导致脂肪和蛋白质分解，使乳制品产生异味，并危害产品质量。

在冷藏条件下，鲜奶中适合于室温下繁殖的微生物被抑制；而嗜冷菌却能在冷藏条件下生长，只是生长速度非常缓慢。这些嗜冷菌分属于假单胞杆菌属、产碱杆菌属、色杆菌属、黄杆菌属、克雷伯氏杆菌属和小球菌属。

冷藏乳的变质主要是由于乳液中的蛋白质和脂肪分解。多数假单胞杆菌属中的细菌均具有产生脂肪酶的特性，即使在加热消毒后的乳液中，还会残留脂肪酶的活性。而低温条件下促使蛋白分解胨化的细菌主要为产碱杆菌属和假单胞杆菌属的细菌。

二、病畜奶的处理

奶中的致病菌主要是人畜共患传染病的病原体。当奶畜患有结核病、布鲁氏菌病及乳腺炎时，其致病菌通过乳腺使奶受到污染，这种奶如未经卫生处理便被食用，可致人类感染患病。因此，对各种病畜奶必须分别给予卫生处理。

三、奶源与鲜奶的消毒

奶源与鲜奶消毒的主要目的是杀灭致病菌和多数繁殖型微生物，消毒方法均基于巴氏消毒法的原理，即奶中病原体一般加热至60~80℃时，其繁殖体即可被杀灭，但乳的营养成分不被破坏。禁止生奶上市。

四、鲜奶卫生标准

鲜奶指从符合国家有关要求的牛（羊）的乳房中挤出的无食品添加剂，且未从中提取任何成分的分泌物。鲜奶的指标要求、生产加工过程的卫生要求、贮存、运输和检验方法必须符合《鲜奶卫生标准》。

第二节　乳制品的安全和控制

乳制品包括液体奶类、奶粉类、炼乳类、乳脂肪类、干酪类和其他乳制品类。《乳品质量安全监督管理条例》第七条规定，禁止在生鲜乳生产、收购、贮存、运输、销售过程中添加任何物质。生鲜乳中也不得掺水。禁止在乳制品生产过程中添加非食品用化学物质或者其他可能危害人体健康的物质。乳制品中使用添加剂须符合现行的《食品安全国家标准　食品添加剂使用标准》。用作酸牛奶的菌种应纯良、无害。全脂奶粉、甜炼乳、奶油等的菌落总数及大肠菌群最近似数超过标准时，经消毒后可供食品加工用，且应在包装上标明。

　　产品包装标识须符合《预包装食品标签通则》《预包装特殊膳食用食品标签通则》及相应产品标准的规定，标示营养标签的产品还须符合《食品营养标签管理规范》。商标必须与内容相符，严禁伪造和冒充。乳品包装必须严密完整，并须注明品名、厂名、生产日期、批号、保存期限及使用方法，乳品商标必须与内容相符。消毒乳的容器，必须易于洗刷和消毒，不得使用塑料制品。凡与乳品直接接触的工具、容器及机械设备，在生产结束后要做到彻底清洗，使用前要严格消毒。包装材料应清洁无害，妥善保管。

相关知识：各类别乳制品须符合的相关产品质量和卫生标准

类别	产品品种	须符合的相关质量和卫生标准
液体乳	杀菌乳	《食品安全国家标准　巴氏杀菌乳》（GB 19645—2010）
	灭菌乳	《食品安全国家标准　灭菌乳》（GB 25190—2010）
	酸牛乳	《酸乳卫生标准》（GB 19302—2010）
乳粉类	全脂乳粉、脱脂乳粉、全脂加糖乳粉和调味乳粉	《乳粉卫生标准》（GB 19644—2010）
	婴幼儿乳粉	《食品安全国家标准　婴儿配方食品》（GB 10765—2010）、《食品安全国家标准　较大婴儿和幼儿配方食品》（GB 10767—2010）
炼乳类	全脂无糖、全脂加糖炼乳	《食品安全国家标准　炼乳》（GB 13102—2010）
乳脂肪类	奶油、稀奶油	《食品安全国家标准　稀奶油、奶油和无水奶油》（GB 19646—2010）
干酪类	硬质干酪	《食品安全国家标准　干酪》（GB 5420—2010）
其他乳制品类	乳糖、乳清粉、乳清蛋白粉	《食品安全国家标准　乳糖》（GB 25595—2018）、《食品安全国家标准　乳清粉和乳清蛋白粉》（GB 11674—2010）

第七章 水产品的安全与卫生

水产品分为动物性水产品和植物性水产品，动物性水产品安全问题突出，本章只介绍动物性水产品。动物性水产品的特点和安全管理与肉类相类似，但其安全性受生活水体的影响较大。

第一节 安全问题

威胁动物性水产品食品安全的因素来自两方面：一是这类食品本身的腐败变质，二是生活环境中的污染物对其的污染。

一、腐败变质

腐败变质与鱼类水分含量、体内酶活性、鱼体 pH 值较高和生产环节污染等有关。按压肌肉不凹陷、鳃紧闭、口不张、体表有光泽、眼球光亮是鲜鱼的标志；手持鱼身时，鱼尾不下垂是僵硬阶段的标志；鱼鳞脱落、眼球凹陷、腹部膨胀等是发生严重腐败变质的标志。

二、化学性污染

动物性水产品常因生活水域被污染，导致其体内含有较多的重金属和无机砷以及农药的污染，海水产品还易受到多氯联苯的污染。如前所述，汞污染食品的问题主要还是发生在具有汞富集作用的水产品中，特别是鱼、贝类。

三、渔药残留

动物性水产品的渔药残留问题比较突出，尤其是虾养殖场为了赢得最大利润以及防病治病、促进生长、提高饲料利用率而大量使用抗生素，这会影响自然细菌的活动，而且会引起抗药性病原体增加，降低生物的免疫力，对沿海的生态环境也具有极大的破坏力。在产品出口过程中，最常见的渔药残留是氯霉素和硝基呋喃。

四、食源性病毒污染

由于人畜粪便和生活污水对水体的污染，导致水产品受肠道病原体的污染较重，最常见的是甲肝病毒和副溶血性弧菌的污染。由食物引起的食源性病毒病最常发生于贝类海产品。沿海地区发生在夏秋季的食物中毒，90%以上由副溶血性弧菌引起，原因为各种海产品和以海产品为原材料的制品被副溶血性弧菌污染。

五、自身含有毒、有害物质

有些水产品体内含有天然毒素。例如，几乎全身都含毒的河豚鱼，肝脏含毒的鲨鱼、旗鱼、鳕鱼等。

第二节　安全控制

对动物性水产品的安全管理主要是保证鱼、贝类自身的新鲜和保证相关环境不受污染。

一、保鲜

鱼的保鲜就是要抑制酶的活力与微生物的污染和繁殖，使自溶和腐败延缓发生。有效的措施是低温、盐腌、防止微生物污染和减少鱼体损伤。鱼类在冷冻前应进行卫生质量检验，只有新鲜、清洁程度高的鱼体方可冷冻保藏。

二、保证运输、销售卫生

生产运输车船应经常冲洗，保持清洁卫生，减少污染；外运供销的产品须符合该产品一、二级鲜度的标准，尽量冷冻调运，并用冷藏车船装运。淡水活鱼可养在水中进行运输和销售，但应避免水的污染。使用冰保存鲜鱼时，应做到一层鱼一层冰，才可装入木箱中运输。凡接触鱼类及水产品的设备、用具应用无毒无害的材料制成。

三、有关标准

鲜、冻动物性水产品卫生须符合《食品安全国家标准　鲜、冻动物性水产品标准》，该标准对其感官指标、理化指标和农药残留量进行了强制性规定。国家质量监督检验检疫总局 2004 年印发的《出境加工用水产养殖场检验检疫备案要求》规定，不得将鱼与禽、畜混养，明确要求出境加工用水产养殖场应周围无畜禽养殖场、医院、垃圾场等污染源。

第八章 食用油脂的安全及控制

第一节 油脂的安全问题

食用油脂主要指脂肪、油和乳化脂肪制品，包括基本不含水的脂肪和油、水油状脂肪乳化制品、混合的和/或调味的脂肪乳化制品、脂肪类甜品、其他油脂或油脂制品。

食用油脂的安全问题主要表现在油脂成分发生的化学反应，并产生影响油脂品质和安全的物质。当油脂中含有较多的磷脂、蜡质、水分及酸败产物时，会影响油脂的透明度，出现混浊、沉淀。冷榨油无味，热榨油有各自的特殊气味。油料发霉、炒焦后制成的油带有霉味、焦味，所以优质油脂应无焦臭味、霉味和哈喇味。发霉油料制成的油带苦味，酸败油脂带有酸、苦、辣味。正常动物脂肪为白色或微黄色，有固有的气味和滋味，无焦味和哈喇味。油脂中的有害物质有原料中天然存在的，也有保存过程中产生和外环境中污染的有害物质。

一、天然存在的有毒物质

天然存在的有毒物质在高芥酸油菜籽中含量较多，它在植物组织酶的作用下分解产生硫氰化物，有致甲状腺肿的作用，主要阻断甲状腺对碘的吸收。芥酸是一种二十二碳单不饱和脂肪酸，在高芥酸菜籽油中含 20%~50% 芥酸，可导致心肌纤维化、心包积水及肝硬化。目前，全国大多数地区的高芥酸油菜已被淘汰，只在有些地方还有零星种植。棉籽色素腺体中的有毒物质，包括游离棉酚、棉酚紫和棉酚绿3种。冷榨法产生的棉籽油游离棉酚的含量很高，长期食用生棉籽油，可引起慢性中毒，其临床特征为皮肤灼热、无汗、头晕、心慌、无力等，还可导致性功能减退及不育症等。采用先进加工工艺可避免棉籽油对人体产生毒害作用。

二、食用油脂酸败的卫生学意义

食用油脂一旦发生酸败，则主要表现为：感官性状发生变化，即油脂酸败产生的醛、酮、过氧化物等有害物质使油脂带哈喇味；食用价值降低，即油脂中的亚油酸、维生素 A、维生素 D 在油脂酸败过程中因氧化而遭到破坏；对人体具有危害性，即油脂酸败产物通过破坏机体的酶系统（如琥珀酸脱氢酶、细胞色素氧化酶等）而影响体内正常代谢，危害人体健康。因此，油脂酸败引发的食物中毒在国内外均有报道。

三、霉菌及霉菌毒素

花生易被黄曲霉毒素污染，用污染的花生制造的油中也会含有黄曲霉毒素。目前采用碱炼法和活性白陶土法去除花生油中的黄曲霉毒素。

四、多环芳烃类

油脂中多环芳烃的来源有 4 种：烟熏油料种子时产生苯并(a)芘；用浸出法生产食用油时，使用不纯的溶剂，产生苯和多环芳烃等有机化合物；在食品加工时，油温过高或被反复使用，使油脂发生热聚，形成此类物质；当环境中多环芳烃污染严重时，如作物生长期间暴露于工业降尘中，则可使油料种子中的多环芳烃类物质含量增高。

小提示：您知道多环芳烃的毒性吗？

2002 年在欧洲，对 33 种多环芳烃进行了评价。评价的结果显示，在33种多环芳烃中有15种物质在实验动物的体内证明其对体细胞具有致突变性和基因毒性，如血液毒性、生殖和发育毒性及免疫毒性。在低剂量时就具有致癌性和致畸性。已经证实，在燃烧过程中产生的许多多环芳烃、煤焦油和包括多环芳烃的各种混合物在实验动物体内、体外的基因毒性和诱变性实验中都显示了致癌性。具有致癌性和致畸性的多环芳烃的分子量通常比较大，含有4个或4个以上的环。

由于通过饮食摄入多环芳烃对健康有长期副作用，因此这类化合物已经被列为优先评估的项目进行安全性评估。

第二节 食用油脂的安全控制

我国颁布的《食用植物油及其制品生产卫生规范》和《食品企业通用卫生规范》及卫生部颁布的《食用植物油卫生管理办法》和《食用氢化油及其制品卫生管理办法》是食品卫生部门对食用油脂进行经常性卫生监督工作的重要依据。

一、厂房车间

原材料选购和贮运卫生、工厂设计与设施卫生、工厂的卫生管理、人员个人卫生与健康管理、生产过程的卫生、成品包装与贮运的卫生，以及卫生与质量检验管理等均须符合《食用植物油及其制品生产卫生规范》。

二、贮藏、运输、销售

贮存、运输及销售食用油脂均应有专用的工具、容器和车辆，以防污染，并定期清洗，保持清洁。食用植物油成品须经严格检验，达到国家有关质量、卫生标准后，才能进行包装。各项指标均达到国家规定的质量、卫生要求时，食用油脂才可出厂销售。

三、防止酸败措施

防止酸败措施包括：①加工工艺。在加工过程中，油脂中应避免含有动植物组织残渣，抑制或破坏脂肪酶的活性，水分含量应≤0.2%，保证油脂纯度；同时防止微生物污染也是关键。②贮存方法。油脂适宜的贮存条件是密封、隔氧、避光、低温。在加工和贮存过程中，应避免重金属的污染。油桶必须保持清洁，不能用塑料桶长期存放油脂。③抗氧化。添加油脂抗氧化剂是防止食用油脂酸败的重要措施。

四、加工过程

生产食用油脂使用的水必须符合《生活饮用水卫生标准》的规定。制取食物油的油料必须符合《植物油料卫生标准》，生产过程应防止润滑油和矿物油对食用油脂的污染。我国《食用植物油卫生标准》中规定了浸出油溶剂残留量在植物原油及食用植物油中的含量。《食用植物油煎炸过程中的卫生标准》适用于煎炸过程中的各种食用植物油。《食用动物油脂卫生标准》适用于单一或多种混合炼制的食用猪油、羊油、牛油。

案例："地沟油"为何会重返餐桌呢？

从中国有餐饮业的那天起，"地沟油"就化身为餐馆牟取利益的衍生物。

据媒体报道，2009年上半年全国各地返回餐桌的"地沟油"大约有$2×10^7$吨。

"地沟油"的简单加工成本不会超过0.2元，销售到农贸市场上可以卖到2~4元。

据一家火锅店的厨师介绍：他曾经在北京市呼家楼小学附近的饭馆工作。晚上下班的时候，经常看到蹬着脏兮兮的三轮车的人在饭店附近的下水道周围徘徊，趁人不注意的时候，他就会拿着工具去捞"地沟油"，他们把收集的"地沟油"倒进一个回收的大池子里"熬"，经过添加去味剂、除臭剂等化学试剂，炼制成肉眼无法分辨真假的"清油"。随后，他们就把处理过的"地沟油"掺到正常的食用油中，销售到偏远的农贸市场，或主动询问沿街的小摊贩"是不是需要便宜油"，向这些小摊贩推销。

第九章　食品包装

置身于食品市场，绚丽的包装、新颖的食品名称和不时冒出的"健康"把戏，使消费者很难辨清食物的真实品质。食品名称和标签往往会导致误读，使我们的消费行为和原来的购物愿望大相径庭。像所谓的"植物奶油"就是"人造黄油"，是植物油经过人工氢化反应制成的，这种氢化植物油对健康有害；所谓的"水果饮料"只含有小块水果或少量果汁，却添加了很多糖和添加剂，含有的维生素和矿物质微乎其微。

第一节　标签识别

食品标签是指在食品包装容器上或附于食品包装容器上的一切附签、吊牌、文字、图形、符号说明物。即食品包装和包装附着物上的所有信息组合在一起，构成了食品标签。

一、识别方法

（一）是否标示齐全

食品标签必须标示的内容有：食品名称、配料清单、净含量和沥干物、固形物、含量、制造商名称及地址、生产日期或包装日期和保质期、产品标准号。消费者在购买产品之前，应仔细查看标签。要看清厂名、厂址、生产日期、执行标准、配料表是否齐全，是否在保质期内，还要看清配料表中的各种配料，关注其中的食品添加剂有哪几个种类，查看营养成分标志，确定类型及口味是否适合自己，摄取的营养是否充足，对自己的身体健康有什么样的影响。

（二）是否标示有"QS"（Quality Safety）标志

我国对食品分批分类实行市场准入制度，带有"QS"标志的食品是经过国家权威机构审查的，符合国家标准要求。目前印（贴）有"QS"标志和生产许可证编号才能销售的食品有：大米、食用植物油、面粉、腊味、熏烧烤肉制品、肉干、肉脯、熏煮香肠火腿、罐头、乳制品、饮料、冷冻饮品、酱油、食醋、糖、味精、饼干、方便面、速冻米面食品、膨化食品等。以上食品若没有"QS"标志，消费者就不要购买。

（三）是否清晰、完整、醒目

食品标签要方便消费者在选购食品时辨认和识读，不得在流通环节中变得模糊甚至脱落，更不得与包装容器相分离。正规产品的标贴，所用纸张优质，图案分明、文字清晰、色泽鲜明、干净整洁，而那些纸张粗糙、色泽陈旧、图案模糊的标签，其产品往往是一些小厂、小作坊生产出来的，质量难以有保障。

（四）是否科学规范

食品标签上的语言文字、图形、符号必须做到准确、科学。比如，标签上必须标示的文字和数字的高度不得小于 1.8 毫米；用于标签的汉字必须是合格规范的，不得使用不规范的简化字和淘汰的异体字；可以同时使用汉语拼音，也可以同时使用少数民族文字或外文，但必须与汉字有严密的对应关系；外文不得大于相应的汉字；食品名称与净含量必须标注在包装物或包装容器的同一视野，易于消费者识别和阅读。

（五）内容是否真实

食品标签的任何内容都不得以错误的、容易引起误解或欺骗性的方式描述或介绍食品。比如我国的食品安全法及相关法律明确规定，食品不得加入药品，食品不得宣传疗效，但仍有厂商在标签上违法标注，宣称自己的产品对某些疾病有预防或治疗作用，以及延年益寿、容颜永驻等虚假内容。许多普通食品作为保健品向老年人销售，诱导老年人花巨资购买，也是一大社会祸害。还有一些食品标签上所留的厂址、电话号码等纯粹是子虚乌有，食品的来源相当可疑，多是地下加工厂或者黑作坊所为，质量根本无法保障。

二、标签真假

（一）"迷踪型"标签

比如，某种外观包装精致的糖果，标签上只标注有地名"广东省××县"，生产企业的详细名称却丝毫未有提及；一盒包装美观的腊肠，只标注"香港出品"；更多的标签上则使用简称的厂名、模糊的厂址，让再精明的消费者也无从追踪。

（二）"魔术型"标签

比如，本来是大包装的食品，却化整为零，分解成小包装，小包装上不再标明厂名、厂址和生产日期，那些已经过期的大包装食品，常借如此拆分，违法进行销售。如果消费者需要购买零散食品，尤其要注意，是不是拆掉包装的过期食品。

（三）"伸缩型"标签

比如，某些厂商在食品标签上把保质期标注为1~3个月，让消费者无法正确掌握时间。如果刚过了1个月或2个月食品就变质了，则只能自认倒霉，因为保质期既可算是只有1个月，也可以解释成是3个月。质量有缺陷的食品凭此手法，简直是伸缩自如。

（四）"恣意型"标签

比如，食品的生产日期和保质期以非常模糊的字迹加以标示，让"火眼金睛"的消费者也无从辨认；标签上只注明保质期，生产日期却只字不提；不少袋装食品干脆既不标明生产日期，也不标明保质期；明明标签上注有生产日期请见某某处，但翻来覆去愣是了无痕迹。更有一些标签上的生产日期实际上等同于销售日期，是由经销商"城头变幻大王旗"，根据情况随卖随贴，或者用不干胶纸自行标注生产日期。

三、认清食品名称

食品名称必须是食品真实属性的反映，应该使用不让消费者误解、混淆的规范名称或常用名称，用同样大小的字号标示在标签的醒目位置。消费者通过食品标签上标明的食品名称，基本可以区别食品的内涵和质量特征。

对于相近的食品名称，消费者也应该有正确的理解。比如，我们常见的花生油与花生调和油，一个是纯正的花生油，另一个是用花生油混合其他一种或几种植物油而成的。像牛奶与牛奶饮料、莲蓉月饼与莲蓉味月饼等，虽然名称相近或相似，但都属于不同属性的食品。

现在市场上畅销的一些食品大多有些名不副实，完全是厂商出于商业炒作、误导消费甚至有意欺诈而推出的概念。像以前常见的"纯鲜牛奶"，现改称"纯牛奶"，不能再宣称"鲜牛奶"。同样，那些用奶粉调制的还原奶，也必须在邻近部位标明"还原奶"字样，否则就是有意欺诈、误导消费。消费者在选购时，需要仔细核对食品名称的含义。

不少消费者在购买"果汁"和"果汁饮料"时，往往忽略它们本是两种不同属性的产品。"果汁"中的果汁含量自然应该是100%，而"果汁饮料"中的果汁含量只需大于10%，果味饮料中果汁含量更是只需大于5%即可。又如"甜牛奶"的真实属性是"牛奶"，指的是在牛奶中加糖的奶产品；而"甜牛奶乳饮料"的真实属性是"乳饮料"，在牛奶中加水、加糖，水的比例多于奶，蛋白质含量大于1%即可。

目前，市场上不规范的食品名称多采取这样的标注方法，即故意不标注反映食品真实属性的名称或将该名称写得很小，并放在消费者不易看见的地方。比如，某厂商生产的橙汁饮料，在包装设计上，"橙汁"二字极为醒目，"饮料"二字却小得可怜，消费者如果不仔细察看，就会误认为是鲜橙汁，其实它只是普通的橙汁饮品，两者价格相差悬殊。甚至有些厂商竟然对于这类"掉身价"的后缀字词根本不做标注，消费者在购买时就更难发现其中奥秘了。

四、切莫望文生义

要想成为一个聪明的消费者，就必须有足够的耐心，阅读并理解食品标签，要认真查看包装上的各种标示，包括营养成分都要看个清清楚楚。不要凭借初步印象，就仓促地作出买单的决策。以一箱糖果食品标签为例，可能提到"零脂肪"，但这并不意味着它是"零热量"。以下试举几例。

低脂牛奶：想要保持体形的人买食品时，喜欢标注有"低脂"两个字的食品。不过，所谓的"低脂"是厂商的自我标榜，不见得有多少名副其实。像标成"低脂"的鲜牛奶在食品抽验中，经常被发现超过低脂的标准，充其量只能算作是中脂鲜乳。其实，不论是鲜乳或其他标榜"低脂"的产品，最好不要轻易相信包装标签上有关"低脂"的说法。稳妥的办法是消费者多花点时间，查看营养成分中的脂肪含量到底有多么低。

天然果汁：许多消费者看到"100%天然果汁"的标签，就会产生购买的冲动。所谓的"天然果汁"其实也是饮料的一个类别，在超市里占据有大块地盘，其广告往往铺天盖地，什么鲜榨原汁、纯天然果汁、含有丰富维生素 C……贴在包装瓶上的标签五花八门，在新鲜多汁的水果照片陪衬下，诱惑着人们的购买欲。然而，这个"100%天然"的标签并不一定代表产品内含的是水果原汁。它只能表示，这个果汁产品没有添加防腐剂或者人工调味料等成分。往往在100%天然的果汁产品里，仅仅含有10%~25%的水果原汁。消费者在选购果汁时，应该先仔细认真地查看其成分标示，以免落入"天然"的诱惑中。

全麦面包：白面包里如果添加焦糖或糖浆，使得白面包染上色，外观上会让人觉得很像全麦面包。因此，钟情于全麦面包的消费者，务必要查看其包装袋上的"成分标示"，如果上边没有标注有"全麦面粉"几个字，可能并非全麦面包。实际上，目前市场上在售的"纯"全麦面包数量十分少。面包制造商往往是在白面粉内添加胚芽、麸皮或麸糠，加工成所谓的"全麦面包"，而不是使用整颗的小麦来打成全麦面粉，然后制作出真正的"全麦面包"。之所以这样，是因为纯全麦面包的油脂含量比较多，很容易酸败，不容易保存，白面粉则去掉了部分油脂，保存起来相对容易得多。而且纯全麦面包咬起来口感较粗，一般消费者可能吃不习惯，厂家因此采取折中的方法，加工成添加式的"全麦面包"。

另外，像市面上一些酸奶饮料标榜"零脂肪"，部分年轻消费者不恰当地认为，零脂肪饮料代表着健康，而且多喝也喝不胖。但当你认真查看营养标签时，大概不难发现这类饮料往往加入了大量的糖分，具有高热量。

目前市场上食品的营养标示十分混乱，有的成分也未标清楚，格式也不一致。对于消费者来说，了解吃进去的食物到底含有什么样的营养成分更是非常重要。尤其一些需要限制某些营养素的疾病患者，如糖尿病患者、肾病患者等，对于吃东西选择的要求很高，更需要详尽阅读营养标示。在此特别提示，消费者不要一成不变地只选购某几种食品，也不要迷信一些宣称添加营养素的产品，以为盯着一种吃，就能够摄取足够营养。摄食种类应该丰富多样，这样才能确保营养均衡。不要轻易相信标签的营养宣传。

五、读懂配料表

通过标签上的配料表，消费者可以做到"对症买食品"。如今的食品往往卖相诱人，但倘若"以貌取人"光看外观就出手购买，则可能会对健康造成隐患。比如，只依靠眼睛，消费者可能无法判断某个产品是否含有坚果或大量饱和脂肪，此时就需要仔细阅读配料表或成分表，不然的话一旦坚果严重过敏者或心脏病患者吃入不适当的食品，后果相当严重。

食品中的各种配料应该按照制造或加工食品时加入量的递减顺序，一一排列并进行标示。如果加入量不超过 2%，配料可不按递减顺序排列，但也必须标示具体名称。消费者查看配料表不仅可以了解该食品由哪些原料组成，还能大致了解各种原料加入量的多少，由此能够识别食品的内在质量及特殊效用。

除甜味剂、着色剂、防腐剂以外的其他配料，可以按照《食品安全国家标准　食品添加剂使用标准》（GB 2760—2014）的规定，标示具体名称或种类名称；植物油、淀粉、香辛料（添加量≤2%）、胶姆糖基础剂、蜜饯等 5 种配料可以按类别来归属名称标示。另外，单一配料食品可以不标示配料。假使食品标签上强调添加了有特性的配料，就应标示出添加量。而仅作为香料使用未特别强调时，则不需要标示出成品中的含量。消费者借此可以了解到，食品中加入了哪些添加剂种类，如甜味剂、防腐剂、着色剂等，还可了解到产品中添加剂的具体名称。

对一些决定产品质量的重要成分指标，相关标准要求标注其在成品中的含量。例如婴幼儿食品、糖尿病人食品等特殊膳食用食品，必须标示有营养成分，如热量、蛋白质的含量及钙、钠、锌的含量等，罐装类必须标注淀粉的含量，果汁及果汁饮料类必须标注果汁的含量，酱油必须标注氨基酸态氮的含量。通过查看这些含量，消费者可以进一步了解食品的内在质量及效用。

消费者还要注意食品的"名称"与其"配料"是否相符。比如，食品包装上赫然写着"橙汁"的名称，可是在配料清单上却写着水、食用香精，这表明厂商是利用橙味香精调制出果味饮料，用以冒充营养丰富的果汁。

六、留心日期标示

日期标示，包括食品的生产日期和保质期，也可附加标示保存期。日期标示应该按照年月日的顺序，在包装物的具体部位予以标示，不得加贴、补印和篡改。一些消费者对于生产日期的认识并不准确，往往把成品的包装日期当作是产品的生产日期，实际上食品生产包装后，在还没有经过检验的时候，只能是成品，而不是产品。生产日期指的是，食品成为最终产品的日期，包括成品检验日期在内。倘若食品的保质期与贮藏条件有关，在标签上还应当标示食品需要什么样的特定贮藏条件。

消费者通过生产日期和保质期，可以识别食品的新鲜程度。在选购食品时要留心查看标签上的生产日期和保质期是否清晰，是否有另外加贴、补贴和篡改的迹象，是否是过期产品。购买散装食品时，也需要把销售时标注的生产日期及保质期限查看清楚。

七、净含量的玄机

"净含量"一般泛指除去产品的外包装及容器后产品的实质重量，也就是除包装外的可食部分的含量。很多食品的包装又大又漂亮，消费者买回家打开看时，才发现其内容物相当之少。如果产品是固液两相，还要看固形物的含量。

通过净含量或固形物含量，消费者可以识别食品的数量及价值。需要注意的是，当容器内含有固体和液体两种形态的物体时，比如甜桃罐头或者含冰的冷冻鱼虾，除了标示净含量外，还应当标示有沥干物（固形物）的含量，消费者在购买该类产品时可以重点查看固形物含量。

目前，许多定量包装食品在净含量上的标注方法不够规范。

第一是所标注的净含量与产品名称不在同一视野内。也就是说，这类产品在包装袋的正面，常常只标注有产品名称、商标、厂名厂址等，而净含量、配料、执行标准、生产日期、保质期等均标注在包装的另一面。这就违反了食品名称与净含量必须排在同一视野内的明确规定。

第二是标注净含量的字符高度不符合规定，多表现为所使用的字体太小，难以让消费者看到净含量的标注。《产品标识标注规定》中明确规定了对净含量进行标注时的字号大小。那些使用太小字号来标注净含量的厂商，目的无非是想让消费者不容易看到这个标注，企图在净含量上欺瞒消费者。

第三是采取"净含量见袋内"的标注方式，消费者在购买如此包装的产品时，如果不打开包装袋就不可能知道净含量的多少，除非已经购买，消费者又不能随意打开包装。显然，这种净含量的标注方法公然剥夺了消费者对净含量多少的知情权，同时那些装到包装袋内的标志，很容易形成对食品的污染。

第四是采取"净含量见封口"的标注方式，这同样也不符合产品名称与净含量必须在同一视野内的规定，而且同样大小的包装袋内所装的食品，其净含量也可能不尽相同。消费者面对净含量多少的问题很容易受到误导，作出失当的购买决策。

八、进口食品标签

第一是要查看进口食品上有没有中文标签。凡是进口食品标签必须事先经过审核，取得《进出口食品标签审核证书》，进口食品标签必须为正式中文标签。

第二是要注意查看所选购的进口商品上是否贴有激光防伪的"CIQ"标志。"CIQ"是"中国检验检疫"的缩写，基本样式呈现为圆形，银色底蓝色字样（为"中国检验检疫"），背面注有九位数码流水号。该标志是辨别"洋食品"真伪的最重要手段。

第三是要向经销商索取查看《进口食品卫生证书》。该证书由检验检疫部门对进口食品检验检疫合格后予以签发，证书上注明进口食品包括生产批号在内的详细信息。可以说，该证书是进口食品的"身份证"，只要货证相符，便能证明该食品是真正的"洋货"。

九、原产地域产品保护

原产地域产品，是指利用产自特定地域的原材料，按照传统工艺在特定地域内所生产的，质量、特色或者声誉在本质上取决于其原产地域地理特征并依照《原产地域产品保护规定》经审核批准以原产地域进行命名的产品。

我国加入 WTO 时，像绍兴酒、宣威火腿、茅台酒、龙井茶、镇江香醋、武夷岩茶、水井坊酒、高邮鸭蛋、蒙山茶、昌黎葡萄等，都得到这样的保护。在我国悠久的历史进程中形成了许多符合原产地域产品特征的名优食品。近年来，被国家质量技术监督局认可为原产地域产品逐渐增多。

实践证明，原产地域保护制度的实施不仅可以打击假冒行为，保护"名、特、优、精"产品，而且由于国家有关部门对原产地域产品的生产范围、原材料、生产工艺、质量、数量等各方面都进行了严格的监控，也使产品的质量得到了保证，能帮助消费者较方便地选购此类食品。

但许多国内原产地产品对其周边产地同类产品的防伪能力普遍较差，假冒起来十分容易。这使得消费者在面对拥有原产地域保护光环的食品时，也需要毫不懈怠地加以查验。

十、能量和营养素标示

能量和营养素是预包装特殊膳食用食品标签强制标示的内容之一。因此，国家对低能量、低脂肪、低胆固醇、无糖、低钠食品的标签标示，都作出了严格的量化规定。根据规定，无糖食品要去除所有的单糖和双糖，奶粉即使不加蔗糖，因为有乳糖存在，也不能再声称是无糖食品了。还有就是对其他营养素含量高低的声称，相对差异也有了明确规定，比如，食品营养素或能量相对差异不得少于 25%，否则属于虚假夸大宣传。

另外，食品标签上对营养素作用的声称也必须有公认的科学依据。具体地说，就是只能引用《中国居民膳食营养素参考摄入量》中介绍的各种营养素的功能。分别是蛋白质、铁、维生素 E、叶酸、脂类、必需脂肪酸、碳水化合物、磷、钾、钠、镁、碘、锌、锰、硒、铜、氟、铬、镍、硅、钒、维生素 A、维生素 D、维生素

E、维生素 B_2、维生素 B_{12}、维生素 C、烟酸、胆碱、生物素等，共 30 多种。其他未提及的营养素都不宜声称具有某种功能。并且只能声称某种营养素对人体的功能、作用，不得声称所示产品本身具有某种营养素的功能，以便与保健食品划清界限，免得引起消费者的误解。

十一、撇清误读分量大小

有时标签标明了一杯或 100 克而非整个食品的营养成分含量，这使得食品标签上显示出的数字比较低。倘若你要自己吃掉整包食品，那么你实际摄取的应该是更多的脂肪和热量。比如，如果标签提到了 100 克的营养成分，吃掉包装内的 200 克食品，你会摄取两倍于标签上所说的热量。

不含脂肪：不是说食品中没有脂肪，只是说每 100 克食品中脂肪含量低于 0.5 克，像"低脂肪"的标准则是每 100 克少于 3 克。虽然许多爱美的女性反感脂肪，但我们人体 25%~30% 的能量来自脂肪，因此脂肪必不可少。食品生产商在不含脂肪的食品中，有时会添加多余的糖分或淀粉，让产品更加美味可口，从而诱惑消费者多吃。假若你决心要减肥的话，选择"低脂肪"的食品也许更合理一些。

0 克反式脂肪：指每 100 克食品中的反式脂肪含量低于 0.5 克。反式脂肪中含有的反式脂肪酸，是一种不饱和脂肪酸（单元不饱和或多元不饱和）。反式脂肪确实会增加患心脏病和中风的概率，但是一些食品使用饱和脂肪如棕榈油、椰子油，代替反式脂肪，其实也不健康。乳制品和动物的肉品中所含有的反式脂肪非常少。经过部分氢化的植物油，才是反式脂肪主要来源。由于它会让"坏"的低密度脂蛋白胆固醇上升，并使"好"的高密度脂蛋白胆固醇下降，所以人们食用反式脂肪将会提高罹患冠状动脉心脏病的概率。相比于其他被人体摄取的脂肪，反式脂肪不是人体所需要的营养素，对我们的健康没什么益处。

有益心脏：这种食品每 100 克含有不低于 0.6 克的水溶性纤维，饱和脂肪、胆固醇和钠元素的含量都比较低，而且不含反式脂肪。只是对于消费者来讲，吃"有益心脏"的食品和"减少心脏病患病风险"并不是一码事。倘若你容易得心脏病，这些食品只不过不会增加你的发病概率罢了。

不含抗生素：细心的消费者会想起，在红肉、家禽和牛奶等食品上常常看到这个标签。它表明在饲养动物的过程中，没有用抗生素来保持其健康。

不含糖：这类食品每 100 克的糖含量低于 0.5 克，可是"不含糖"并不意味着"低卡路里"。生产商往往会在不含糖的食品中加入木糖醇、乳糖醇等人工甜味剂或者淀粉，无形之中就增加了热量。因此，不含糖食品所含的热量不见得低。

第二节　重要标志

一、QS 标志

该标志由"QS"和"质量安全"中文字样组成。标志的主色调为蓝色，字母"Q"与"质量安全"四个中文字样为蓝色，字母"S"为白色，使用的时候可以根据需要按比例放大或缩小，但不得变形、变色。加贴（印）有"QS"标志的食品，就意味着该食品符合了质量安全的基本要求。

二、有机食品标志

通常有机食品被视为是一类真正源于自然、富营养、高品质的环保型安全食品。有机食品标志采用人手和叶片为创意元素。其一是一只手向上持着一片绿叶，寓意人类对自然和生命的渴望；其二是两只手一上一下握在一起，将绿叶拟人化为自然的手，寓意人与自然需要和谐美好的共存关系。

三、绿色食品标志

绿色食品是遵循可持续发展原则，按照特定生产方式生产，经专门机构认定，许可使用绿色食品标志商标的无污染的安全、优质、营养类食品。绿色食品标志图形由三部分构成，即上方的太阳、下方的叶片和蓓蕾。标志图形为正圆形，象征着保护、安全。整个图形表达了明媚阳光下的和谐生机，提醒人们应该保护环境，创造自然界新的和谐。

四、无公害农产品标志

无公害农产品符合国家食品卫生标准，但要比绿色食品标准宽一些。无公害农产品标志图案主要由麦穗、对勾和无公害农产品字样组成，麦穗代表农产品，对勾表示合格，金色寓意成熟和丰收，绿色象征环保和安全。目前该标志已停止新的申请与认证。

五、森林食品标志

森林食品是指来自森林，符合人类自然、环保、清洁生产的要求，原生态、优质、健康、营养的食用林产品，基本不使用化肥和农药，在产品质量上达到了国际标准的质量安全要求。

六、HACCP 认证标志

HACCP 认证是一种适用于食品行业的认证。通过认证的食品企业生产的食品品质，其安全是最可靠的。它在食品生产过程中，通过对关键控制点采取有效的预防措施和监控手段，使危害因素降到最低程度。

七、GMP 认证标志

"GMP"是英文 Good Manufacturing Practice 的缩写，中文意思是"良好作业规范"或"优良制作标准"，这是一种特别注重生产过程中产品品质与卫生安全的自主性管理制度。由于其用于食品的管理中，所以我们称之为食品 GMP。在这种非常严格的管理下所生产出的食品，具有品质优良与安全的特点。

八、ISO 9000

ISO 9000 质量管理体系认证已经在世界各地得到了普遍的推行，对于企业来讲，ISO 9000 是全球统一的产品质量和生产质量体系的合格评定准则。

九、ISO 22000

ISO 22000 规定了一个食品安全管理体系的要求，并结合公认的关键元素，以确保从食品链至最后消费点的食品安全。

十、中国驰名商标标志

中国驰名商标标志是指在中国被相关公众广为知晓并享有较高声誉的商标，由商标局、商标评审委员会来进行认定。

十一、中国名牌产品标志

中国名牌产品的标志由国家质检总局和中国名牌战略推进委员会来颁发，这种标志的下方载有时间期限，指定名牌产品的有效期限。

十二、原产地域产品标志

凡是国家公告保护的原产地域产品，在保护地域范围的生产企业，经国家质检总局审核并注册登记后，可以将该标志印制在产品的说明书和包装上，以此区别同类型但品质不同的非原产地域产品。

十三、已被废止的国家免检标志

国家"免检"制度在 2008 年已被废止，目前仍然有某些厂家在商品包装和广告上，非法使用"免检"标志来吸引顾客、牟取利益，消费者对此要有清醒的认识。

第十章 常见食品的选购

第一节 大米、面粉的选购

长期以来，我国民众的一日三餐主要是大米、面粉及其制品，其食用安全十分重要。为了赚取高额利润，有些不法商贩将霉变的陈大米抛光上蜡，冒充新大米出售；在面粉中添加进超标的增白剂，甚至掺入滑石粉、吊白块。这些都严重威胁着消费者的身体健康。了解大米、面粉的选购常识，消费者就不会对主食的安全问题过于恐慌。

一、大米

（一）大米种类

（1）籼米。是籼型非糯性稻谷制成的米。米粒粒形多呈细长形，有的长度在7毫米以上，蒸煮后出饭率高，黏性较小，米质较脆，加工时易破碎，横断面呈扁圆形，颜色白色透明的较多，也有半透明和不透明的。根据稻谷收获季节，分为早籼米和晚籼米。早籼米米粒宽厚而较短，呈粉白色，腹白大，粉质多，质地脆弱易碎，黏性小于晚籼米，质量较差。晚籼米米粒细长而稍扁平，组织细密，一般是透明或半透明，腹白较小，硬质粒多，油性较大，质量较好。

在国际市场上，有按籼米米粒的长度分为长粒米和中粒米者。长粒米粒形细长，长与宽之比一般大于3，为蜡白色透明或半透明，性脆，油性大，煮后软韧有劲而不黏，食味细腻可口，是籼米中质量最优者。中粒米粒形长圆、较之长粒米稍肥厚，长宽比为2~3，一般为半透明，腹白多，粉质较多，煮后松散，食味较粗糙，质量不如长粒米。

（2）粳米。是用粳型非糯性稻谷碾制成的米。米粒一般呈椭圆形或圆形。米粒丰满肥厚，横断面近于圆形，长与宽之比小于2，颜色蜡白，呈透明或半透明，质地硬而有韧性，煮后黏性、油性均大，柔软可口，但出饭率低。根据收获季节，粳米可分为早粳米和晚粳米。早粳米呈半透明状，腹白较大，硬质粒少，米质较差。晚粳米呈白色或蜡白色，腹白小，硬质粒多，品质优。

（3）糯米。也称江米，呈乳白色，不透明，煮后透明，黏性大，胀性小，一般不做主食，多用于制作糕点、粽子、元宵等，以及作为酿酒的原料。糯米也有籼粳之分。籼糯米粒形一般呈长椭圆形或细长形，乳白色不透明，也有呈半透明的，黏性大；粳糯米一般为椭圆形，乳白色不透明，也有呈半透明的，黏性大，米质优于籼糯米。

（二）选购常识

大米经过长时间的贮藏后，由于温度、水分、微生物等因素的影响，大米中的淀粉、脂肪和蛋白质等会发生各种变化，会使大米失去原有的色泽。大米一般分为新粮、陈粮和陈化粮三种。新上市的大米即我们平常所说的新米，颜色是白中泛青，含有较多水分，煮熟的饭粒大，清香柔软。

存放时间很久的大米即陈米，跟新米相比，味道较差，口感较粗糙。一般质量好的大米颗粒整齐，光泽鲜明，极少有碎米，无虫及虫蚀粒，无沙粒，米灰也极少，闻起来有一股清香味，没有霉变味。质量差的大米，颜色则发暗，碎米多，米灰也重，潮湿而有霉味。

陈化粮则是指长期储藏，已不能直接作为口粮的粮食。其中的油脂已发生酸败、淀粉也已有分解、有害微生物含量已超标，对人的健康有很大的危害性。陈化粮通常呈黄色，大多有霉味。一些不良商贩为了掩饰霉味，会向陈化粮添加香精，还会在米中加矿物油，消费者会闻到香味，用手摸时会有黏的感觉。

（1）望。买米必须看清新陈。陈米的色泽变暗，黏性降低，已失去大米原有的香味。因此，要认真观察米粒颜色，表面呈灰粉状或有白色沟纹的米是陈米，量越多说明大米越陈旧。如果米粒中有虫蚀粒和虫尸出现说明是陈米。还要注意看看大米有没有发生霉变。

新米应该是色泽玉白、腹白粒少、呈半透明状、无沙石。在大米腹部常有一个不透明的白斑，腹白部分蛋白质含量较低，含淀粉较多，能反映大米的蛋白含量或米质好坏。那些含水分过高，收后未经后熟和不够成熟的稻谷，腹白也会较大。

选米时要仔细观察米粒表面，如果米粒上出现一条或者更多条横裂纹，就说明是爆腰米。所谓爆腰是指大米在干燥过程中发生急热现象后，米粒内外收缩失去平衡造成的。爆腰米食用时外烂里生，食用品感和价值降低了许多。

选购时，还要观察黄粒米的多少。米粒之所以变黄，是因为大米中某些营养成分在一定的条件下发生了化学反应，或者是大米粒中微生物引起的。黄粒米的香味和食味都较差，另外，米粒中如果含青滞粒较多，说明米的质量也比较差。

（2）闻。买米时要取一部分先用鼻子闻一闻，仔细体会米的气味是否正常，有无异味和陈味，如果闻到有发霉的气味，说明是陈米。如果是新米的话，则有一股新鲜和清香的气味。

（3）问。如果是散装米，一定要询问销售商，弄清楚大米的产地、生产日期等。往往在超市里常见到特价出售散装米，这时还要问一问其打折的原因，并综合自己的印象，判断到底是厂商让利还是这些大米有问题。

（4）切。取几粒干净的米粒，用牙齿嗑一下。大米粒的硬度主要是由蛋白质的含量决定的，米的硬度越大，蛋白质含量越高，透明度也越高。一般新米比陈米硬，水分低的米比水分高的米硬，晚米比早米硬。

如果需要你用力才能嗑断，说明米比较干燥，水分低。如果轻轻一嗑就断的话，说明米的水分很高，也不能多买。

还可用力抓一把米，然后迅速松开。如果是好米，手中基本上没什么糠粉留下。

（三）黑米选购

黑米食用价值较高。除可煮粥之外，还可以制作各种营养食品和酿酒。现代医学证实，黑米具有滋阴补肾、健脾暖肝、明目活血等功效。其保健特性的成分多聚集在黑色皮层，所以不宜精加工。

目前，常见的黑米掺假有两种情况。一种是存放时间较长的质次或劣质黑米，经过染色后以次充好出售；另一种是采用普通大米经染色后充黑米出售。天然黑米经水洗后也会掉色，只不过没有染色黑米多而已。消费者在购买黑米时可从以下几个方面进行鉴别。

首先，查看色泽和外观。黑米一般都有光泽，米粒的大小很均匀，碎米和爆腰粒（米粒上有横裂纹）较少，无虫，不含杂质。而次质、劣质的黑米，看上去色泽暗淡，米粒的大小也不均匀，饱满度差，碎米多，有的也有结块现象等。染色黑米的黑色集中在皮层，胚乳仍为白色。所以，消费者可以将米粒外面皮层全部刮掉，观察米粒是否呈白色，是的话就极有可能是人为的染色黑米。

其次，闻一闻黑米的气味。可以用手取少量黑米，向黑米哈一口热气，再立即闻它散发的气味。优质的黑米具有正常的清香味，没有什么其他异味。那些略微有异味或者有霉变气味、酸臭味、腐败味和不正常气味的，则都是质次、劣质黑米。

再次，尝一尝黑米的味道。取几粒干净黑米放入口中细嚼，有条件的可以磨碎后再品尝。优质的黑米味道好，并有微甜的滋味，没有任何异味。那些略微有异味如酸味、苦味及其他不良滋味的，则是次质、劣质黑米。

二、面粉

（一）面粉种类

（1）等级粉。按加工精度的不同，分特制一等面粉、特制二等面粉、标准面粉、普通面粉。消费者购买面粉时，可以在外包装袋上看到面粉等级的说明。

（2）专用粉。是利用特殊品种小麦磨制而成的面粉。或者根据使用目的需要，在等级粉的基础上加入各种改良剂，混合均匀而制成的面粉。专用粉的种类多样，配方精确，质量稳定，为制作面包、馒头、糕点等不同的面制品提供了良好的原料。

（3）高筋面粉。是指用面筋质量好、含量高、筋力较强的小麦制成的面粉。主要用于加工制作面包、饺子等要求面粉筋力较强的食品。

（4）中筋面粉。是指用面筋含量中等、面筋质量较好的小麦制成的面粉，主要适合制作馒头、面条等传统面食品。

（5）低筋面粉。是指用面筋含量较低、筋力较弱的小麦制成的面粉，主要用于加工制作饼干、糕点等要求面粉筋力较弱的食品。

由于小麦在储藏加工、烹调等过程中会损失大量的营养素，特别是维生素、矿物质和必需氨基酸。因此，很多小麦面粉中的营养素不能完全满足我们人体的要求，这会造成因缺乏某些营养素的营养失衡。如果需要面粉及其制成品具有合理、均衡的营养，消费者可选购那些进行了营养强化的面粉如增钙面粉、富铁面粉、"7+1"营养强化面粉。

然而，市场上的面粉质量不容乐观，面粉增白剂超标甚至滥用增白剂及各种食品添加剂的现象时有发生。对于面粉生产商来说，我国小麦的筋力较弱，难以适应制作多种多样高质量面食的要求，加入氧化剂、乳化剂、增稠剂、酶制剂等，则可以解决传统方法加工出来的面食缺乏良好口感、黏弹性差、溶出率高、储存性差、光泽度差以及面筋含量很难满足要求等缺点。

诸多添加剂在面粉中的大量使用，出现了超标准添加和使用禁止添加物的问题。面粉的品质表面上似乎得到了提高，但安全性却受到损害。尤其是面粉中普遍使用了过氧化苯甲酰作为增白剂。这是一种强氧化剂，对面粉中的营养成分有破坏作用，长期过量食用的话会对人体肝脏造成损害。还有一些面粉产品中使用另一种增白剂，即甲醛次硫酸氢钠（俗称吊白块），则更是国家禁止使用的有害物质，如果长期食用这样的面粉，人体将受到极大的伤害。

（二）选购常识

（1）望。先仔细察看面粉包装，看上边是不是标明了厂名、厂址、生产日期、保质期、质量等级、产品标准号等内容，要尽量选用明确标示没有添加增白剂的面粉。一般名牌产品或是知名大企业生产的面粉，质量会相对可靠一些。再观察包装的封口线有没有被拆开重复使用的迹象，如果有的话应该就是假冒产品。还要注意看看面粉颜色，面粉的自然色泽为乳白色或略带微黄色，如果其颜色纯白或灰白、发暗，就可能过量使用了增白剂。所以，要选择色泽正常、呈乳白或淡黄色的面粉。另外，面粉加工时允许混入少量麸星，麦麸可以食用而且对人体有益，但如果看到面粉中有过多的麸星则最好不要选购。

（2）闻。闻一闻面粉是否具有麦香味。如果一解开面粉口袋，就能闻到异味、霉味或是酸败味，则应该是面粉中添加了过量的添加剂或超过了保质期，也可能是遭到外部环境污染，已经发霉、酸败变质。如果闻到有一股漂白剂的味道，也可能是添加了过量的增白剂。

（3）问。如果发现面粉的包装外观上有污斑、缺陷，或者标签上的字迹模糊等，即使是自己一直购买的品牌面粉，也要询问经销商，尽量了解相关情况，再决定是否购买。

（4）切。用手摸取一把面粉，如果是符合国家标准的面粉，则手感细腻，有凉爽感，手中的面粉粉粒均匀；劣质面粉则手感粗糙。如果感觉特别光滑，也属有问题的面粉。

用手将面粉使劲一捏，松开手后面粉随之散开的，是含水分正常的好面粉；如果将面粉握紧成团，松开手后久而不散，则是面粉的水分过高。水分超标的面粉非常容易在储存过程中霉变和酸败，影响面粉的品质。

用手捏一点干面粉放到嘴里咀嚼，如果有牙碜的现象，则说明面粉含沙量高；如果味道发酸，说明面粉酸度高。合格的面粉是不牙碜也不发酸的。

另外，消费者要根据自己不同的用途，选择相应品种的面粉。如果要用面粉来制作馒头、面条、饺子等，最好选用中高筋力且色泽较好的面粉；如果是想制作点心、饼干及烫面制品，则最好选用筋力较低的面粉。

第二节　蔬菜的选购

为了吃上无农药残留的蔬菜。消费者多喜欢购买有虫眼的绿叶菜、豇豆等，以为这样的蔬菜肯定没有打农药。实际上，有没有虫眼不是衡量是否用了农药的标准。你可以看到有虫眼的蔬菜里并没有虫子，通常都是发生虫害后使用了农药。有虫眼的蔬菜被农药杀掉的是成虫，而无虫眼被杀掉的是幼虫或虫卵。成虫的抵抗力显然大于幼虫，农药的使用量或许会更高，且成虫的出现时间晚于幼虫。因此有虫眼的蔬菜施药时间有可能离收获更近，农药反而分解少、残留多。还有消费者买菜时专挑颜色鲜艳的，过于注意蔬菜的卖相，这同样是个误区。番茄太红可能打了催红剂，生姜太黄可能是硫黄熏过的，花椒太红可能为掩盖腐坏花椒而被色素水浸过。在一次次食品问题为我们敲响警钟时，我们必须更加留心家里"菜篮子"的安全，要多了解购买安全蔬菜的常识，擦亮眼睛。

按照蔬菜的栽培管理和质量认证方式，一般可以分为普通蔬菜、无公害蔬菜、绿色食品蔬菜和有机蔬菜四类。有机蔬菜栽培中不使用任何人工合成物质；无公害蔬菜则承诺不会发生农药超标的问题；绿色食品蔬菜种植中不用任何中高毒物质。消费者想要选购哪一类蔬菜，要看有没有相应的产品质量认证标签，而不是仅仅看有没有保鲜膜。没有保鲜膜的蔬菜，如果上面标明了品牌和产地，看起来很新鲜，也可以放心购买。

购买地点的选择方面，最好到人流量大的超市或者在正规农贸市场的固定摊位选购蔬菜，菜卖得快则会相对新鲜。目前，市区大型食品超市及多数农贸市场已建立快速检测系统，对市场内销售的蔬菜每日进行抽检并公示，因此在正规市场上购买蔬菜可以放心些，万一出现质量问题也容易得到合理的赔偿。消费者可以优先选购市面上信誉较好的水果蔬菜加工、经营公司出品的产品。注意不要被所谓的"特价菜"吸引，味道、口感和营养都变差的蔬菜，再便宜也不值得购买。

一、选购原则

第一，无论选购何种蔬菜，都需要认真地察看颜色、形状、鲜度。形状、颜色正常的蔬菜，一般是用常规方法栽培的，不会超量使用激素等化学品。有的蔬菜颜色不正常，也要提高警惕，比如菜叶失去正常的绿色而呈现墨绿色、碧绿异常等，这说明在采收前可能喷洒或浸泡过生长激素，不能选购。不新鲜的蔬菜常有萎蔫、干枯、损伤、病变、虫害侵蚀等异常形态，也尽量不要选购。

第二，不买"多虫蔬菜"。有很多消费者认为，蔬菜叶子虫洞较多时，就说明这种菜没打过药，吃起来安全。其实，这是错误的观念。蔬菜是不是容易遭受虫害，是由蔬菜的不同成分和气味的特异性决定的。有的蔬菜容易被害虫所青睐，称之为"多虫蔬菜"；有的蔬菜，虫不大喜欢，称为"少虫蔬菜"。像青菜、花菜、大白菜、卷心菜等特别为害虫所青睐，因此不得不经常喷药防治，使得农药残留多、污染重。"少虫蔬菜"的情况则相反。为了避免摄入过多的农药，平时应多选"少虫蔬菜"。这类蔬菜主要有茼蒿、生菜、芹菜、胡萝卜、洋葱、韭菜、大葱、香菜等。

第三，不买气味异常的蔬菜。为了使有些蔬菜更好看，不法商贩用化学药剂进行浸泡，这些物质有异味，而且不容易被冲洗掉。在选购蔬菜时要注意气味，若农药气味太浓，则是喷过农药不久就上市，切勿购买。不同品种的蔬菜施用化肥的量各不一样。比如氮肥（尿素、硫酸铵等）的施用量过大，就会造成蔬菜的硝酸盐污染比较严重，不仅口感差，而且有害健康。一般按照硝酸盐含量，由强到弱可以排列为：根菜类、薯芋类、绿叶菜类、白菜类、葱蒜类、豆类、瓜类、茄果类、食用菌类。并且蔬菜的根、茎、叶（即营养体）的污染程度远远高于花、果实、种子（即生殖体）。消费者把握这个规律，可以正确消费蔬菜，尽可能多吃一些瓜、果、豆和食用菌，如黄瓜、番茄、毛豆、香菇等。

第四，少选反季节蔬菜。反季节蔬菜以大棚菜为主，大棚中高温高湿，农药使用量一般大于露地栽培，蔬菜上农药残留也较多。顺应自然是最好的健康法则。许多蔬菜的营养价值会随着季节的变换而发生变化。如7月的番茄，维生素C的含量是1月大棚番茄的2倍以上。比起吃反季节的蔬菜，选择时令蔬菜和吃本地菜是较好的选择。

二、选购要领

（一）黄瓜

正常的黄瓜长得较短、粗细均匀、用手捏时感觉比较硬、味道鲜美。黄瓜失水后才会变软，软黄瓜必定不新鲜。变软的黄瓜浸在水里就会复水变硬，所以硬的也不一定都新鲜，其瓜的脐部还有些软，且瓜面无光泽，残留的花冠多已不复存在。吃起来涩口像棉花套子，没有黄瓜本身的鲜嫩味，则是贮运较久或贮藏不当的黄瓜，营养价值不高。

（二）番茄（西红柿）

应该挑个头大小较一致、平顶的、颜色均匀，放在手中分量重的，这样的番茄含农药、化肥、激素比较少。扁圆形的果肉薄，正圆形的果肉厚。个头大的未必质量可靠，尤其一些有棱有角、奇形怪状或中间有乳头状凸起的畸形番茄，这样的番茄可能使用了过量激素。如果番茄通体呈现为红色、无籽或青籽，无番茄汁且头顶突出个包、顶部带尖，则是果实膨大剂和催红素使用不规范造成的，也要避免购买。那些除品种因素而过于红黄的番茄，有可能是使用了催熟剂。另外着色不匀、花脸的番茄，是感染了番茄病毒病的果实，味道和营养都很差。

（三）萝卜

也叫白萝卜，分为长萝卜、圆萝卜、小红萝卜三个类型。不管哪种萝卜，以根形圆整、表皮光滑、表面无空隙、富有弹性为优。若根部呈直条状不弯曲则为上选。一般说来，皮光的往往肉细。比重大、分量较重、掂在手里沉甸甸的，肯定不是糠心萝卜（糠心萝卜肉质成菊花心状）。青萝卜要买半青半白或顶部为青颜色、大小适中、有根须的萝卜。这种萝卜肉质比较紧密，比较充实，烧出来成粉质，软糯，口感好。外表光滑、色泽清新、水分饱满，一般是新鲜的萝卜。好的萝卜皮色正常，若是表皮松弛或出现半透明的黑斑，则表示已经不新鲜了，甚至有时可能是受了冻的，这种萝卜基本上失去了食用价值。

（四）韭菜

根较细、每棵韭菜有 6~7 片叶子、紫根带棱角的韭菜相对安全些。宽叶韭嫩些，香味清淡。窄叶韭卖相不如宽叶韭，但吃起来香味浓郁。如果叶子长得特别宽大肥厚，比一般宽叶韭菜还要宽不少，说明在栽培过程中用过生长刺激剂（人工合成的植物激素）。韭菜的叶由叶片和叶鞘组成。叶鞘抱合而成"假茎"，割韭时即在假茎近地开刀。刚割下的新鲜韭菜，"假茎"处的切口平齐。韭菜收割后，仍然会继续生长，中央的嫩叶长得快，外层老叶生长慢，会形成倒宝塔状的切口。靠大量的化肥、生长激素催长起来的韭菜，根茎粗大，只有 2~4 片叶子，没有黄叶，韭菜味淡，而且极容易腐烂。

（五）马铃薯（土豆）

好的马铃薯个头中偏大，质地坚硬，皮面光滑，皮不过厚，无损伤、无糙皮，无病虫害，无热伤或冻伤，无蔫萎。要尽量选周正的、没有破皮的马铃薯，越圆的越好去皮。皮一定要干的，不要有水泡过的，否则保存时间短，口感也不好。如果发现马铃薯外皮变绿，哪怕是很浅的绿色都尽量不要食用。如果长出嫩芽，则说明马铃薯已含有毒素，不能食用。马铃薯上不能有小芽苞，否则对人体有害。如果马铃薯表面可见黑色类似淤青的部分，则里面多半是坏的。冻伤或腐烂的马铃薯，肉色会变成灰色或呈黑斑，水分收缩，不宜选购。

（六）茄子

在茄子的萼片与果实连接的地方，有一白色略带淡绿色的带状环，带状越大表示茄子越嫩，越小表示茄子越老。同时，用手握一下茄子，感觉手上有黏滞感的是嫩茄子，发硬的茄子则是老茄子。外观亮泽的茄子，新鲜程度高；表皮皱缩、光泽黯淡的，说明已经不新鲜了。无论茄子的形状是圆、是长，挑选时都要注意，看其果形是否均匀周正、皮色鲜艳、光泽清新、水分饱满，茄蒂是否挺拔，那些皮薄、籽少、肉厚、细腻无裂口及锈皮的质量最好。

（七）花菜

好的花菜为半球形、花丛紧密、大小均匀，中央的柄为青翠绿色，花球洁白微黄、无异色、无毛花，无黑色斑点，花球周边未散开，拿在手里感觉轻重适宜，用手轻轻一掰有清脆的声音。那些长得又大又白、菜花紧紧粘在一起、拿在手里感觉特别重的，可能是化肥施用较多的花菜，也可能使用了植物生长调节剂。

（八）芹菜

新鲜的芹菜色泽鲜绿或洁白，叶茎充实、脆嫩、大小整齐，不带黄叶、老梗，叶芹外表光滑，无锈斑、污染、虫伤、蚜虫、不抽薹。不要买叶色浓绿的，这种芹菜生长期间干旱缺水，生长迟缓，粗纤维多，口感老。芹菜是否新鲜，主要看叶身是否平直，新鲜的芹菜是平直的。存放时间较长的芹菜，叶子尖端就会翘起来，叶子软，甚至发黄且有锈斑。

（九）菠菜

要挑叶柄短、叶片大小适中、根小色红、叶色深绿的。若是在冬季，看到叶色泛红的菠菜，表明它经受了霜冻锻炼，吃起来会更为软糯香甜。早秋的菠菜有涩味，草酸含量高。冬至（12 月下旬）到立春（2 月上旬），比较适合选购菠菜。如果菠菜叶子上有黄斑，叶背有灰毛，说明是感染了霜霉病，不能食用。那些叶片又大又粗、绿得发黑的，往往施用了较多的化肥。

（十）辣椒

弯曲长角形、细长又尖头的辣椒一般辣味大，果肉薄。果型圆筒形和钝圆锥形的一般辣味小，柿子形的圆椒多为甜椒，果肉越厚越甜脆。半辣味椒则介于两者之间。比较重视营养的消费者，可选择红椒吃，红椒的维生素 C 比青辣椒多 0.8 倍，胡萝卜素要多 3 倍，而且红椒分量轻、比重小，在经济上也合算，只是口感不如青辣椒脆嫩。一般应该选用大小均匀、果皮坚实、肉厚质轻、脆嫩新鲜、不裂口、无虫咬、无斑点、不烂、不软不冻的辣椒。

（十一）豆芽

现在市场上的豆芽大多使用了植物生长调节剂，长得白白胖胖，没有须根。用尿素等违法添加剂泡发的豆芽一般又短又粗、没有根须，加热后有明显的尿骚味。选购豆芽一定要选有根的，芽茎不要太粗壮。没施农药的绿豆芽，豆芽皮是绿色的。

（十二）冬瓜

黑皮冬瓜肉厚，可食率高；白皮冬瓜肉薄，质松，易入味；青皮冬瓜则介于两者之间。最好选购呈长棒形的黑皮冬瓜，其肉厚、瓤少，可食率较高。要选瓜条匀称、无热斑（日光的伤斑）的买。要用手指压一压冬瓜的果肉，挑肉质致密的买，其口感更好。肉质松软的则容易在煮熟后如同化成水一样，口感差。冬瓜耐贮藏，但食用品质仍以鲜品为上，7—9月的夏秋季节比较适宜选购冬瓜。

（十三）四季豆

挑选时要注意看豆荚的色泽是否呈鲜绿状，荚肉是不是肥厚、折之易断，而且无虫咬、无斑点、无锈病。要避免明显豆粒突出者，而以绿色鲜明、具有弹力者为佳。四季豆通常直接放在塑料袋中冷藏能保存5~7天，但是放久了会逐渐出现咖啡色斑点。

（十四）生菜

相比其他叶菜，生菜相对虫害少一些。特别是3月早春的生菜，根本不需要用农药，就能生长得好。而且生菜也是需肥较少的蔬菜，消费者如果在早春时节，可以比较放心地食用生菜。

（十五）白菜

正常来说，越是寒冷地方出产的白菜，味道就越好。叶柄肥厚、色泽白而光滑，叶端卷缩互相结成紧球朵，分量沉重，无虫眼、黑斑的白菜，可以放心选购。假如叶片的顶端彼此分离并且向外翻卷，则菜心处可能已经开始出薹。腐烂变质的白菜吃了会引起亚硝酸盐中毒，一定不要选用。

（十六）生姜

正常的生姜颜色为灰黄色，发暗，而那些颜色发亮、皮很薄、轻轻一搓就掉皮的生姜，可能是用硫黄熏过的，其外表较黄，显得非常鲜嫩，看上去很好看，食用后会对人体产生危害。

（十七）葱

正常的葱比较香，个头不是特别大，拿着沉甸甸的感觉。施用大量化肥、生长激素的葱，不香且葱味淡，个头大，葱叶吃起来像菜。

（十八）香菜

正常的香菜根茎细小，叶子摊开比较长，这样的香菜相对安全些。施用大量化肥的香菜，根莲粗大、像小芹菜般大，却缺乏香菜原本的香味。

（十九）青菜

先看菜株高矮，即叶子的长短，在生产上叶子长的叫做长萁，叶子短的叫做矮萁。矮萁的品质好，口感软糯；长萁的品质差，纤维多，口感差。再看叶色的深浅，叶色淡绿的品种质量好，黑叶品种则质量差。叶柄颜色近似白色的叫做白梗，味清淡；叶柄颜色淡绿的叫做青梗，味浓郁。

（二十）胡萝卜

好的胡萝卜大小适中，粗细均匀，表面光滑。而那些头比较大、表面有裂纹、呈锥子状的胡萝卜，则含有大量的化肥和生长激素。

（二十一）洋葱

比较好的洋葱色泽鲜明，外表光滑，无损伤和病虫害，茎部小，且未发芽，用手捏起来感觉很坚实。如果已经发芽，则中间部分多已开始腐烂，不能购买。

（二十二）山药

看块茎的表皮形状，如果其表皮光洁、无异常斑点，一般可放心购买。山药的表皮上出现任何异常斑点，都说明它已经感染病害，食用价值大为降低。

（二十三）扁豆

扁豆品种比较多，多以嫩荚供食用，购买以鲜嫩为主要判断标准。只有红荚种的可以荚粒兼用，鼓粒的吃起来香味可口。

（二十四）苦瓜

以瓜体硬实、具重量感、表皮亮丽晶莹为佳，且表面瘤状物愈大愈好，这样苦瓜没那么苦。若瓜体内侧呈现红色，则表示瓜体过熟。苦瓜的后熟作用相当快，不耐保存。

（二十五）香菇

菇伞的部分肉厚有弹性，而且没有斑纹，呈现鲜嫩的茶褐色为佳。刚采收的香菇，菇伞内侧会有一层薄膜，如果此处出现茶色斑点，说明不太新鲜。如果一次买的太多，可以放进冰箱的冷冻层保存。

（二十六）芦笋

以形状正直、笋尖紧密、没有水伤及腐臭味，表皮鲜亮不萎缩、细嫩粗大，基部未老化，以手折之即断者为佳。刚采收下来的芦笋组织很快就会纤维化，不宜久存。

（二十七）冬笋

如果是新鲜的冬笋，壳包得很紧。如果笋壳张开翘起，还有一股硫黄气味，则说明可能用硫黄熏过了。

（二十八）黑木耳

看起来很厚实、个头较大、颜色很黑、翻动时声音不脆的干耳，可能是用硫酸镁增重、染色的或未干透。未染色的黑木耳，正反面颜色有明显的差别。好的黑木耳乍一闻没有什么味道，仔细闻会带着些许清香，翻动时声音脆响；染色黑木耳则会存在异味如酸臭味等。

（二十九）银耳

淡黄色是银耳的天然本色，应选择自然的淡黄色，以朵大、体轻、色黄白、有光泽、胶质厚者为佳。那些看起来很鲜亮、颜色洁白、外观很饱满的，可能是用硫黄熏过的银耳。

第三节　水果的选购

一、选购原则

第一是辨果色。还未成熟的水果，大多含较多叶绿素而偏绿色，随成熟过程会逐渐分解，转为橙色的类胡萝卜素，如香蕉、橘子等；或是红、紫色的花青素，如苹果、葡萄等。这些水果的颜色愈深，表示甜度愈高。经过催熟的果实虽然能呈现出成熟的性状，但如果仔细察看，果实的皮或其他方面还是会给人以不成熟的感觉。比如自然成熟的西瓜，由于光照充足，瓜皮的花色深亮、条纹清晰、瓜蒂老结；催熟的西瓜则瓜皮颜色鲜嫩、条纹浅淡、瓜蒂发青。

第二是闻香气。成熟的水果会散发出特有的香味，大多在表皮上能闻到一种果香味。可用鼻子闻水果的底部，如果香气较浓说明水果成熟较好，比如香瓜、菠萝等。催熟的水果不仅果香味淡，甚至还有异味。

第三是试重量。同种水果分别置于两个手掌上，比较重量，或用手掌轻拍听声音，较重或声音清脆者通常水分较多，如苹果、香瓜等。催熟的水果有个明显特征，就是分量重。同一品种大小相同的水果，催熟的同自然成熟的水果相比要重一些。

第四是摸软硬。半成熟果实硬而脆，之后会变软。木瓜、香蕉，要在肉质变软时食用，而像苹果等则适合在硬度较大且成熟时食用。樱桃、莲雾、橙子、葡萄等，则要选择硬一点的会比较好。

二、选购要领

（一）苹果

看起来坚实、颜色鲜亮、表皮无脱水现象，且果梗未脱落者较新鲜。顶部带梗的小圆口，其凹陷处的果皮完整而无黑点，表示鲜度较佳。若底部泛出青色，表示尚未成熟。要避免选择有碰伤、较软或有斑点的。黄元帅苹果要挑颜色发黄的，麻点越多的越好，并且用手掂量，轻的比较面，重的比较脆。

（二）香蕉

要买那些色泽鲜亮的、圆润的、无棱角、果型端正、大而均匀、整把香蕉无缺损和脱落的。新鲜的香蕉应该果面光滑，无病斑、无创伤，果皮易剥离，果肉稍硬。外皮有较多的小黑点，表示熟度刚好，无太大生涩的味道。若要马上吃，可选择黄皮带有一些褐色斑点的。若要过一两天才吃，可选择颜色较黄绿的。

（三）西瓜

买的时候要观察其表皮是否光滑、形状是否好看、是否呈浅绿色，并且要纹路明显、整齐。用手托起轻轻拍打的声音，感觉有点空洞，托着的手感觉微微有震动，这个西瓜则是成熟的。如果要购买已切开的西瓜，就要看清果肉是否多汁、颜色是否浓厚而红，不要买那些在浅色果肉上还出现白色条痕的西瓜。

（四）梨

底部的形状应该平整而无凸起，果肉质地要细。注意果实坚实但不可太硬，如果皮上有病斑则不要购买。

（五）橙子

尽量选果脐小且不凸起的脐橙，果脐小的口感一般会好一些。高身的橙子味道更甜。橙子个越大，靠近果梗处越容易失水，失水后吃起来会干巴巴的。橙子皮的密度越高、薄厚均匀而且有点硬度，所含的水分就较高，口感较好。

（六）橘子

果实底部有明显的圆圈纹路，表皮薄厚均匀，往往代表肉质较厚实且汁多。底部有明显小圆圈的，多半要比底部有明显小圆点的甜一些。橘子底部捏起来感觉软的，多为甜橘子，捏起来硬硬的，一般皮较厚，吃起来口感多半较酸。

（七）猕猴桃

真正熟的猕猴桃整个果实都是软的，挑选时买颜色略深、外皮接近土黄色、接蒂处是嫩绿色的，才更甜更新鲜。整体要软硬一致，如果只一个部位软就是快腐烂或已腐坏。

（八）草莓

选购时要注意果实是否坚实、鲜红，红里带白点，并紧连梗子。不要买大块掉色或丛生的草莓，不可买萎蔫、有霉点的草莓。

（九）樱桃

要选购颜色呈深红色、表面圆胖、茎梗新鲜的。不要买看起来暗沉、干瘦、凋萎或有腐坏坑洞的樱桃。

（十）葡萄

选购时可品尝最下面的颗粒，若是味道很甜，就说明整串葡萄味道也甜一些。要注意挑选颜色浓、果粒丰润、紧连着果梗的，不要买软塌、凋萎、果梗变褐或容易掉粒的葡萄。

（十一）菠萝

外皮颜色呈现偏黄色、外形圆胖、果实坚实且较重的菠萝，肉质较细且甜度较高。不要买表皮暗沉、干瘪、碰伤或带有腐败气味的菠萝。

（十二）木瓜

要挑表皮颜色为绿中带黄、鼓肚子的，表面斑点很多，摸起来不是很软的。表面上还有点胶质的，会比较甜。若要马上吃，要挑黄皮的、不太软的，则甜而不烂。

（十三）杧果

要选比较饱满的、圆润的，不软不硬的，颜色黄或绿得纯正的，香味很远就能闻到的。表皮皱起的杧果，营养价值也会降低。

（十四）杨桃

要求色泽鲜艳，尤其是边缘的颜色偏黄而非绿色，肉质较软且甜而无苦涩味。

（十五）香瓜

底部要有较大而明显的圆圈状，其果肉比较扎实而香甜。轻摇有声音时，质量较不佳。

（十六）榴莲

挑选时壳以黄中带绿为好，果形较丰满、外壳比较薄的，果肉的瓣会多些。一般那种长圆形的外壳较厚，果肉较薄。

第四节　肉类、肉制品的选购

一、肉类

对畜禽肉进行感官鉴别时，一般原则如下：首先是观察其外观、色泽，特别应注意肉的表面和切口处的颜色与光泽，看看色泽有没有灰暗，是不是存在淤血、水肿、囊肿和污染等情况；其次是嗅肉品的气味，不仅要了解肉表面上的气味，还应感知其切开时的气味，注意是否有腥臭味；最后用手指按压、触摸，以感知其弹性和黏度，结合脂肪情况对肉进行综合性的评价和鉴别。

（一）鲜猪肉

外观鉴别：新鲜猪肉表面有一层微干或微湿润的外膜，呈淡红色，有光泽，切断面稍湿、不粘手，肉汁透明。次鲜猪肉表面有一层风干或潮湿的外膜，呈暗灰色，无光泽，切断面的色泽比新鲜的肉暗，有黏性，肉汁混浊。变质猪肉表面外膜极度干燥或粘手，呈灰色或淡绿色，发黏并有霉变现象，切断面也呈暗灰或淡绿色、很黏，肉汁严重混浊。

弹性鉴别：新鲜猪肉质地紧密且富有弹性，用手指按压凹陷后会立即复原。次鲜猪肉肉质比新鲜肉柔软、弹性小，用指头按压凹陷后不能完全复原。变质猪肉由于自身被分解严重，组织失去原有的弹性而出现不同程度的腐烂，用指头按压后凹陷，不能恢复到原状。

黏度鉴别：新鲜猪肉脂肪呈白色，具有光泽，有时呈肌肉红色，柔软而富于弹性。次鲜猪肉脂肪呈灰色，无光泽，容易粘手，有时略带油脂酸败味和蛤喇味。变质猪肉脂肪表面污秽、有黏液，常霉变呈淡绿色，脂肪组织很软，具有油脂酸败气味。

气味鉴别：新鲜猪肉具有鲜猪肉正常的气味。次鲜猪肉在肉的表层能嗅到轻微的氨味、酸味或酸霉味，但在肉的深层却没有这些气味。变质猪肉不论在肉的表层还是深层均有腐臭气味。

（二）冻猪肉

外观鉴别：好的冻猪肉（解冻后）肌肉色红均匀，具有光泽，脂肪洁白，无霉点；次质冻猪肉（解冻后）肌肉红色稍暗，缺乏光泽，脂肪微黄，可有少量霉点；变质冻猪肉（解冻后）肌肉色泽暗红，无光泽，脂肪呈污黄或灰绿色，有霉斑或霉点。

弹性鉴别：好的冻猪肉（解冻后）肉质紧密，有坚实感；次质冻猪肉（解冻后）肉质软化或松弛；变质冻猪肉（解冻后）肉质松弛。

黏度鉴别：好的冻猪肉（解冻后）外表及切面微湿润，不粘手；次质冻猪肉（解冻后）外表湿润，微粘手，切面有渗出液，但不粘手；变质冻猪肉（解冻后）外表湿润，粘手，切面有渗出液亦粘手。

气味鉴别：好的冻猪肉（解冻后）无臭味，无异味；次质冻猪肉（解冻后）稍有氨味或酸味；变质冻猪肉（解冻后）具有严重的氨味、酸味或臭味。

（三）鲜牛肉

外观鉴别：良质鲜牛肉肌肉有光泽，红色均匀，脂肪洁白或淡黄色。次质鲜牛肉肌肉色稍暗，用刀切开截面尚有光泽，脂肪缺乏光泽。

黏度鉴别：良质鲜牛肉外表微干或有风干的膜，不粘手。次质鲜牛肉，外表干燥或粘手，用刀切开的截面上有湿润现象。

弹性鉴别：良质鲜牛肉，用手指按压后的凹陷能完全恢复。次质鲜牛肉，用手指按压后的凹陷恢复慢，且不能完全恢复到原状。

气味鉴别：良质鲜牛肉具有牛肉的正常气味。次质鲜牛肉稍有氨味或酸味。

（四）冻牛肉

色泽鉴别：良质冻牛肉（解冻后）肌肉色红均匀，有光泽，脂肪白色或微黄色；次质冻牛肉（解冻后）肌肉色稍暗，肉与脂肪缺乏光泽，但切面尚有光泽。

黏度鉴别：良质冻牛肉（解冻后）肌肉外表微干，或有风干的膜，或外表湿润，但不粘手；次质冻牛肉（解冻后）外表干燥或有轻微粘手，切面湿润粘手。

弹性鉴别：良质冻牛肉（解冻后）肌肉结构紧密，手触有坚实感，肌纤维的韧性强；次质冻牛肉（解冻后）肌肉组织松弛，肌纤维有韧性。

气味鉴别：良质冻牛肉（解冻后）具有牛肉的正常气味；次质冻牛肉（解冻后）稍有氨味或酸味。

（五）鲜羊肉

外观鉴别：良质鲜羊肉，肌肉有光泽，红色均匀，脂肪洁白或淡黄色，质坚硬而脆；次质鲜羊肉肌肉色稍暗淡，用刀切开的截面尚有光泽，脂肪缺乏光泽。

弹性鉴别：良质鲜羊肉用手指按压后凹陷能立即恢复原状；次质鲜羊肉用手指按压后凹陷恢复慢，且不能完全恢复到原状。

黏度鉴别：良质鲜羊肉外表微干或有风干的膜，不粘手；次质鲜羊肉外表干燥或粘手，用刀切开截面湿润。

气味鉴别：良质鲜羊肉有明显的羊肉膻味；次质鲜羊肉羊肉稍有氨味或酸味。

（六）冻羊肉

外观鉴别：良质冻羊肉（解冻后）肌肉颜色鲜艳，有光泽，脂肪呈白色；次质冻羊肉（解冻后）肉色稍暗，肉与脂肪缺乏光泽，但切面尚有光泽，脂肪稍微发黄；变质冻羊肉（解冻后）肉色发暗，肉与脂肪均无光泽，切面亦无光泽，脂肪微黄或淡黄色。

黏度鉴别：良质冻羊肉（解冻后）外表微干或有风干膜或湿润但不粘手；变质冻羊肉（解冻后）外表极度干燥或粘手，切面湿润发黏。

弹性鉴别：良质冻羊肉（解冻后）肌肉结构紧密，有坚实感，肌纤维韧性强；次质冻羊肉（解冻后）肌肉组织松弛，但肌纤维尚有韧性；变质冻羊肉（解冻后）肌肉组织软化、松弛，肌纤维无韧性。

气味鉴别：良质冻羊肉（解冻后）具有羊肉正常的气味（如膻味等），无异味；次质冻羊肉（解冻后）稍有氨味或酸味；变质冻羊肉（解冻后）有氨味、酸味或腐臭味。

（七）鲜禽肉

查眼球：新鲜的禽肉眼球饱满，角膜有光泽；次鲜的禽肉眼球皱缩凹陷，晶体稍混浊；变质的眼球干缩凹陷，晶体混浊。

观色泽：新鲜禽肉皮肤有光泽，肌肉切面有光亮；次鲜的皮肤色泽较暗，肌肉切面稍有光泽；变质的体表无光泽。

探黏度：新鲜禽肉外表微干或微湿润，不粘手；次鲜禽肉外表干燥或粘手，新切面湿润；变质禽肉外表干燥或粘手，新切面发黏。

试弹性：新鲜禽肉指压后凹陷立即恢复，次鲜禽肉则恢复较慢，变质禽肉不能恢复并留有痕迹。

闻气味：新鲜禽肉气味正常，次鲜禽肉无异味，变质禽肉体表和腹部均有异味或臭味。

看皮肤：当天新宰杀的鸡，皮肤呈现黄白色，时间长久的为紫红色。

看刀口：新鲜的鸡刀口成锯齿状，在刀口的下面皮肤上有块血迹叫"血染"，它很难洗掉，否则，说明鸡不新鲜。

同畜肉一样，现在市场上禽肉也有注水的，因此在挑选禽肉时，一定要看其是否是注水肉，可以用一张干燥易吸水且易燃的薄纸，贴在散装禽肉的表面上，用手按一会儿再取下，如果不能燃烧，说明水分超标或已注水。

(八) 冻禽肉

优质冻禽肉：解冻后，眼球饱满或平坦；皮肤有光泽，因品种不同而呈黄、浅黄、淡红、灰白等色，肌肉切面有光泽；表面微湿润，不粘手；指压后的凹陷恢复慢，且不能完全恢复；具有正常气味。

次质冻禽肉：解冻后，眼球皱缩凹陷，晶状体稍有混浊；皮肤色泽转暗，但肌肉切面有光泽；表面干燥或粘手，新切面湿润；肌肉发软，指压后的凹陷几乎不能恢复；除腹腔内能嗅到轻度不愉快气味，无其他异味。

变质冻禽肉：解冻后，眼球干缩凹陷，晶状体混浊；体表无光泽、颜色暗淡，头颈部有暗褐色；表面干燥或黏腻，新切面湿润、粘手；骨肉软、散，指压后凹陷不但不能恢复，而且容易用指头将其肉戳破；体表及腹腔均有异味。

二、肉制品

选地方。购买肉制品最好到大商场、大超市去选购。因为这些场所有正规的商品进货渠道，产品周转快，冷藏的硬件设施好，产品质量相对有保证。

选产商。选购大型企业、老字号企业、通过各种认证的获证企业生产的产品，这些企业的产品质量较好。

看包装。注意选购带包装的肉类食品，因为包装完好的产品可避免流通过程中的二次污染。有的熟肉制品要冷藏，购买时一定要看清储存温度要求。

看日期。要选购保质期内的产品，最好是近期生产的产品。肉制品虽有一定的保质期，但产品会逐渐氧化。新生产的产品口味和营养好。

观察感知。在鉴别和挑选肉类制品时，通常以外观、色泽、组织状态、气味和滋味等感官指标为依据。应当留意肉类制品的色泽是不是鲜明，注意观察肉制品的颜色、光泽是否有变化；肉质的坚实程度和弹性如何，要选购弹性好的产品，这样的产品蛋白质含量多、品质好；是不是具有该类制品所特有的正常气味和滋味，有没有异臭、异物、霉斑等；如有可能，最好品尝其滋味是否鲜美。

一些肉制品的品质鉴别方法如下。

酱卤肉类制品：外观为完好的自然块，洁净、新鲜润泽，呈肉制品应具有的自然色泽。比如，酱牛肉应为酱黄色，叉烧肉切面有光泽、微呈赤红色、脂肪白而透明、有光泽。同时都需具有产品应有的肉香味，没有任何异味。

肠类制品：外观应完好无缺、不破损、洁净无污垢、肠体丰满、干爽、有弹性、组织致密，具备该产品应有的香味，没有任何异味。对于如香肠、火腿肠、红肠等灌制品，通常以填充坚实、空洞少的为佳。

经熏制的肉制品：从色泽上看，一般为棕黄色，并带有烟熏香味。传统烟熏肉品少食为宜。

肉脯产品：可从产品的配料表中判定产品是肉脯还是肉糜脯。配料表中如含有淀粉，则产品为肉糜脯。肉脯产品表面有明显的肌肉纹路，肉糜脯表面较光滑。良质火腿肉切面为深玫瑰色、桃红色或暗红色，脂肪呈白色、淡黄色或淡红色，具有光泽，富有弹性，指压凹陷能立即恢复，基本上不留痕迹，切面平整、光洁。劣质火腿则疏松稀软，甚至呈黏糊状。

腊肉：好的腊肉色泽鲜艳，肌肉呈鲜红色或暗红色，脂肪透明或呈乳白色，肉身干爽结实、富有弹性，指压后无明显凹痕，具有其固有的香味。变质的腊肉色泽灰暗无光泽，脂肪呈黄色，表面有霉斑，揩抹后仍有霉迹，肉身松软无弹性且带黏液，呈酸败味。

第五节　鲜蛋、蛋制品的选购

蛋是人类重要的食品之一，常见的蛋包括鸡蛋、鸭蛋、鹅蛋、鹌鹑蛋等，其营养成分和结构都大致相同，其中以鸡蛋最为普遍。蛋的质量受遗传、饲养管理、饲料、疾病、蛋贮存期等因素影响。

蛋在生产、运送及储存的过程中，如果没有切实做好卫生管理工作，可能为沙门氏菌、肠炎弧菌、金黄色葡萄球菌及其他细菌感染，吃了这种被细菌感染的蛋，会出现上吐下泻、腹痛、发烧等现象。抗生素能促进家禽生长和增加产蛋的概率，抗生素使用过量若残留在家禽或禽蛋里面，食用此类禽肉或禽蛋也会对健康造成危害。

一、鲜蛋

鉴别鲜蛋质量可通过蛋壳鉴别或打开鉴别。蛋壳鉴别包括眼看、手摸、耳听、鼻嗅等方法，也可借助灯光透视进行鉴别。打开鉴别是将鲜蛋打开，观察其内容物的颜色、稠度、性状、有无血液、胚胎是否发育，有无异味和臭味等。

眼看：即用眼睛观察蛋的外观形状、色泽、清洁程度等。良质鲜蛋，蛋壳清洁、完整、无光泽，壳上有一层白霜，色泽鲜明；一类次质鲜蛋，蛋壳有裂纹，或壳上可见有硌坏的小坑，蛋壳破损、蛋清外溢或壳外有轻度霉斑等；二类次质鲜蛋，蛋壳发暗，壳表破碎且破口较大，蛋清大部分流出；劣质鲜蛋，蛋壳表面的粉霜脱落，壳色油亮，呈乌灰色或暗黑色，有油样浸出，有较多或较大的霉斑。

手摸：即用手摸蛋的表面是否粗糙，掂量蛋的轻重，把蛋放在手掌心上翻转等。良质鲜蛋，蛋壳粗糙，重量适当；一类次质鲜蛋，蛋壳有裂纹或破损小坑，手摸有光滑感；二类次质鲜蛋，蛋壳破碎，蛋白流出，手掂重量轻，蛋拿在手掌上自转时总是一面向下（贴壳蛋）；劣质鲜蛋，手摸有光滑感，掂量时过轻或过重。

耳听：就是把蛋拿在手上，轻轻抖动使蛋与蛋相互碰击，细听其声，或是手握蛋摇动，听其声音。良质鲜蛋，蛋与蛋相互碰击声音清脆，手握蛋摇动无声；次质鲜蛋，蛋与蛋碰击发出哑声（裂纹蛋），手摇动时内容物有流动感；劣质鲜蛋，蛋与蛋相互碰击发出"嘎嘎"声（孵化蛋）、"嗵嗵"声（水花蛋），手握蛋摇动时内容物有晃动声。

鼻嗅：用嘴向蛋壳上轻轻哈一口热气，然后用鼻子嗅其气味。良质鲜蛋，有轻微的生石灰味；次质鲜蛋，有轻微的生石灰味或轻度霉味；劣质鲜蛋，有霉味、酸味、臭味等不良气味。

打开：看颜色、形状、闻气味。将鲜蛋打开，将其内容物置于玻璃器皿或瓷碟上，观察蛋黄与蛋清的颜色、稠度、性状，有无血液，胚胎是否发育，有无异味等。良质鲜蛋，蛋黄、蛋清色泽分明，无异常颜色。蛋黄呈圆形凸起而完整，并带有韧性，蛋清浓厚、稀稠分明，系带粗白而有韧性，并紧贴蛋黄的两端，具有鲜蛋的正常气味，无异味。一类次质鲜蛋：颜色正常，蛋黄有圆形或网状血红色，蛋清颜色发绿，其他部分正常。性状正常或蛋黄呈红色的小血圈或网状直丝。二类次质鲜蛋：蛋黄颜色变浅，色泽分布不均匀，有较大的环状或网状血红色，蛋壳内壁有黄中带黑的黏痕或霉点，蛋清与蛋黄混杂。蛋黄扩大，扁平，蛋黄膜增厚发白，蛋黄中呈现大血环，环中或周围可见少许血丝，蛋清变得稀薄，蛋壳内壁有蛋黄的粘连痕迹，蛋清与蛋黄相混杂（蛋无异味），蛋内有小的虫体。劣质鲜蛋，蛋内液态流体呈灰黄色、灰绿色或暗黄色，内杂有黑色霉斑。蛋清和蛋黄全部变得稀薄浑浊，蛋膜和蛋液中都有霉斑或蛋清呈胶冻样霉变，胚胎形成长大。有臭味、霉变味或其他不良气味。

（一）购买、食用蛋品注意事项

（1）壳破损者，可能已有细菌滋长，不宜购买。

（2）尽量选择有优质蛋品标志的蛋。

（3）选择已彻底清除蛋壳上污物、细菌的洗选蛋。

（4）还沾有鸡粪、泥土、稻谷的传统蛋，手拿蛋后及时洗手，烹饪前也要注意案板、盛具、手部等的卫生。

（5）刚生下的蛋，外壳潮湿、角皮层尚未干燥，易被沙门氏菌、金色葡萄球菌等细菌入侵，烹饪时要熟透，即可杀死这些病菌。

二、蛋制品

蛋制品包括以鸡蛋、鸭蛋、鹅蛋或其他禽蛋为原料加工制成的蛋制品。分为四类：再制蛋类、干蛋类、冰蛋类和其他类。

再制蛋类是指以鲜鸭蛋或其他禽蛋为原料，经由纯碱、生石灰、盐或含盐的纯净黄泥、红泥、草木灰等腌制或用食盐、酒糟及其他配料糟等工艺制成的蛋制品。如皮蛋、咸蛋、糟蛋。

干蛋类是指以鲜鸡蛋或者其他禽蛋为原料，取其全蛋、蛋白或蛋黄部分，经加工处理（可发酵）、喷粉干燥工艺制成的蛋制品。如：巴氏杀菌鸡全蛋粉、鸡蛋黄粉、鸡蛋白片。

冰蛋类是指以鲜鸡蛋或其他禽蛋为原料，取其全蛋、蛋白或蛋黄部分，经加工处理，冷冻工艺制成的蛋制品。如：巴氏杀菌冻鸡全蛋、冻鸡蛋黄、冰鸡蛋白。

其他类是指以禽蛋或上述蛋制品为主要原料，经一定加工工艺制成的其他蛋制品。如：蛋黄酱、色拉酱。

蛋制品的购买以大超市销售、大企业生产的较为安全，感官识别主要是色泽、外观形态、气味和滋味等，同时应注意杂质、异味、霉变、生虫和包装等情况，以及是否具有蛋品本身固有的气味或滋味。

（一）皮蛋（松花蛋）

鉴别外观：主要是观察其外观是否完整，有无破损、霉斑等。也可用手掂动，感觉其弹性，或握蛋摇晃听其声音。良质皮蛋，外表泥状包料完整、无霉斑，包料剥去后蛋壳亦完整无损，去掉包料后用手抛起约 30 厘米高自然落于手中有弹性感，摇晃时无动荡声；次质皮蛋，外观无明显变化或裂纹，抛动试验弹动感差；劣质皮蛋，包料破损不全或发霉，剥去包料后，蛋壳有斑点或破、漏现象，有的内容物已被污染，摇晃后有水荡声或感觉轻飘。

打开鉴别：剥去包料和蛋壳，观察内容物性状及品尝其滋味。良质皮蛋，整个蛋凝固、不粘壳、清洁而有弹性，呈半透明的棕黄色，有松花样纹理，将蛋纵剖可见蛋黄呈浅褐色或浅黄色，中心较稀，芳香，无辛辣气；次质皮蛋，内容物或凝固不完全，或少量液化贴壳，或僵硬收缩，蛋清色泽暗淡，蛋黄呈墨绿色，有辛辣气味或橡皮样味道；劣质皮蛋，蛋清黏滑，蛋黄呈灰色糊状，严重者大部分或全部液化呈黑色，有刺鼻恶臭或有霉味。

（二）咸蛋

良质咸蛋：外表完整、无霉斑。生蛋打开可见蛋清稀薄透明，蛋黄呈红色或淡红色，浓缩黏度增强，但不硬固；煮熟后打开，可见蛋清白嫩，蛋黄口味有细沙感，富于油脂，品尝则有咸蛋固有的香味。

次质咸蛋：外观无显著变化或有轻微裂纹。生蛋打开后蛋清清晰或为白色水样，蛋黄发黑黏固，略有异味。煮熟后打开蛋清略带灰色，蛋黄变黑，有轻度的异味。

劣质咸蛋：隐约可见内容物呈黑色水样，蛋壳破损或有霉斑。生蛋打开或蛋清浑浊，蛋黄已大部分融化，蛋清、蛋黄全部呈黑色，有恶臭味。煮熟后打开，蛋清灰暗或黄色，蛋黄变黑或散成糊状，严重者全部呈黑色，有臭味。

第六节　水产品的选购

水产品是生活在水中并能被人食用的产品的总称。目前水产品常出现药残超标、腐败变质等问题，比如水产品抗生素（如氯霉素等）超标问题。个别不法之徒为了给其经销的水产品增重、漂白或着色、防腐，擅自使用国家明令禁止使用的防腐剂、漂白剂或着色剂等毒性很强的物质对水产品进行处理，对消费者的生活与健康造成危害。

一、鱼类

质量上乘的鲜鱼，眼睛凸起。口鳃紧闭，鳃片呈红色；鳞片光亮、整洁，无异味。腹部发白，不膨胀。鱼体挺而不软，有弹性，按后不留指印。不新鲜的劣质鱼，鱼眼混浊，眼球下陷。口张开，鳃肉呈灰红色，鱼鳞暗淡无光，有异味，腹部松软，膨胀，鱼体两端下垂，肉体松软，手按后残留手指印。

如果是购买冻鱼，要看鱼眼，眼球凸起，洁净无污物为优。再看体表和肛门，鱼体结实，色泽发亮，肛门紧缩为优，反之则为次。

识别是否属于被农药毒死的鱼，要看鱼鳍是否张开、发硬。再看鱼嘴是否紧闭，不易拉开，鱼鳃的颜色是否呈紫红色或黑褐色，有无蝇虫叮咬。除鱼腥味外，是否还有其他异味，如煤油味、氨水味、硫黄味、大蒜味等。

新鲜鱼类的判断方法：

（1）鱼的眼球饱满、角膜透明。眼球下部原有结缔组织支撑，使眼球向外凸出，当鱼体内蛋白质开始分解后，结缔组织就逐渐变软而失去支撑力，于是眼球就逐渐下陷。另一方面眼球内含有黏蛋白，当其结构完整时角膜是透明的，而当黏蛋白分解后，角膜就变混浊。

（2）鱼鳃的色泽鲜红，鱼鳃丝清晰。鱼鳃丝内含有血红蛋白，当其结构完整时，色鲜红。当血红蛋白开始分解后，鳃颜色就发生变化。另一方面，鱼的鳃丝上覆盖着的黏液，也含有蛋白质成分，当蛋白质结构完整时，黏液是润滑而透明的，当蛋白质分解后，黏液就变混浊，并使鳃丝粘结。

（3）体表色泽。各种鱼类的体表都有其固有的色彩。当鱼体变质时，存于鱼体皮肤的真皮层内的色素细胞所含的各种色素（如类胡萝卜素和虾红素等）就会被氧化，或溶于水，或遇酸发生分解等，而使鱼体变色和失去光泽。

（4）鱼鳞紧贴完整。当鱼鳞所附着的组织细胞层处在完整状态时，鱼鳞是紧贴布鱼体上的，剥之亦不易脱落。在鱼体开始自溶以后，组织逐渐变软，鱼鳞也较易剥落，到鱼体腐败变质时，鱼鳞所附着的组织细胞层已被破坏，鱼鳞就很易脱下而往往呈现残缺不完整的状态。

（5）肌肉有弹性。鱼体在尸僵期内体内细胞吸水膨胀，按之有弹性。自溶开始后，因细胞失去水分而使鱼体变软，弹性逐渐减退。到腐败变质时细胞晶体组织已被破坏，弹性就完全消失。

（6）鱼腹是否膨胀。生前饱腹的鱼体在死亡后经一段时间，肠内容物可能会发酵产气而呈现膨胀的现象，但如生前空腹，就无此反应。

二、虾类

一般优质虾的头、体紧密相连，外壳与虾肉紧贴成一体，用手按虾体时感到硬而有弹性，体两侧和腹面为白色，背面为青色（雄虾变深黄色），有光泽；次质虾的头、体连接松懈，壳、肉分离，虾体软而失去弹性，体色变化并失去光泽，虾身节间出现黑箍，但仍可食用；劣质虾则掉头，体软如泥，外壳脱落，体色黑紫，这类虾的营养价值下降较多，如果在不洁环境下长时间存放的，有可能腐坏或感染致病菌等，不宜再食用。

新鲜虾类的判断方法：

（1）胸节和腹节连接程度。在虾体头胸节末端存在着被称为"虾脑"的胃脏和肝脏。虾体死亡后易腐败分解，并影响头胸节与腹节连接处的组织，使节间连接变得松弛。

（2）体表色泽。在虾体甲壳下的真皮层内散布着各种色素细胞，含有以胡萝卜素为主的色素质，常以各种方式与蛋白质结合在一起。当虾体变质分解时，即与蛋白质脱离而产生虾红素，使虾体泛红。

（3）伸屈力。虾体处在尸僵阶段时，体内组织完好，细胞充盈着水分，膨胀而有弹力，故能保持死亡时伸张或卷曲的固有状态，即使用外力使之改变，一旦外力停止，仍恢复原有姿态。当虾体发生自溶以后，组织变软，就失去这种伸屈力。

（4）体表是否干燥。鲜活的虾体外表洁净，触之有干燥感。但当虾体将近变质时，甲壳下一层分泌黏液的颗粒细胞崩解，大量黏液渗到体表，有滑腻感。

三、蟹类

一般优质蟹的背面为青色，腹面为白色并有光泽，蟹腿、螯均挺而硬并与身体连接牢固，提起有重实感；次质蟹的背面呈青灰色，腹面为灰色，用手拿时感到轻飘，按头胸甲两侧感到壳内不实，蟹腿、螯均松懈或碰到即掉；劣质蟹则背面发白或微黄，腹面变黑，头胸甲两侧空而无物，蟹腿、螯均易自行脱落。

新鲜蟹类的判断方法：

（1）肢与体连接程度。蟹体甲壳较厚，当蟹体自溶变软以后，有甲壳包被处见不到变形现象，但在肢体相接的可转动处，就会明显呈现松弛现象，以手提起蟹体，可见肢体（步足）向下松垂现象。

（2）腹脐上方的"胃印"。蟹类多以腐殖质为食物，死后经一段时间，胃内容物就会腐败而在蟹体腹面脐部上方泛出黑印。

（3）蟹黄是否凝固。蟹体内被称为蟹黄的物质，是多种内脏和生殖器官所在。当蟹体在尸僵阶段时，蟹黄是呈现凝固状的。但当蟹体自溶以后，即呈半流动状。到蟹体变质时更变得稀薄，手持蟹体翻转时，可感到壳内的流动状。

（4）鳃色洁净、鳃丝清晰。海蟹在水中用鳃呼吸时，大量吞水、吐水，鳃上会沾有许多污粒和微生物。当蟹体活着时，鳃能自净，死亡后则无自净能力，鳃丝就开始腐败而粘结，但须剥开甲壳后才能观察。

购买蟹类产品要注意识别使用过激素的蟹。春秋两季吃蟹最合适，因为此季节的蟹最肥，含有的蟹黄最丰富。如果在其他季节看到这样有丰满蟹黄的活蟹，就很不正常，可能在养殖过程中使用了生长激素或其他促生长发育的物质，消费者不应购买。

四、贝类产品

贝类从产地到市场销售，中间环节应有暂养、杀菌过程。暂养一般使贝类自身体内淤积的脏物通过排泄进行清肠，再通过暂养循环水将排泄物排到池外，要保持水质流畅清澄。杀菌工序一般分两种情况，一种是臭氧进行间隔式杀菌，另一种是紫外线照射杀菌，也可以两者交替进行。暂养与杀菌过程一般情况需7～10天，方能上市。

消费者选购时，要看清存放贝类的水质是否清澄，是否有排泄物。贝类产品在暂养、流通、销售各环节中容易受环境影响被污染或变质，所以消费者应尽量在超市、大型批发市场等正规渠道购买贝类产品，在食用时尽量不要生食或食用未煮熟的贝类产品。

五、水发产品

购买水发产品时，要注意识别添加化学物（如甲醛、氢氧化钠等）浸泡的水产品。新鲜正常的水产品均带有海腥味，但经添加违禁物浸泡的水产品看起来特别亮、特别丰满、特别厚或者特别大，有的颜色会出现过白、手感较韧、口感较硬。

六、水产干品

干制水产品是采用干燥或者脱水方法除去水产品中的水分，或配以其他工艺（调味、焙烤、拉松等工艺）制成的一类水产加工品。目前市场上销售的产品主要分为两类，一是经清洗、调味、蒸煮等预处理后干燥加工而成的水产干制品，这类产品工艺相对简单，产品分为即食与非即食，主要品种有鱿鱼干、虾皮、干贝、干海带、紫菜、虾米等。二是经清洗、剖片等预处理后再经调味、焙烤、轧松等工序加工而成的水产干制品，这类产品工艺相对复杂，产品一般为即食类，主要品种有烤鱼片、鱿鱼丝、休闲鱼干制品等。

购买注意事项：

（1）保质期。干制水产品的保质期一般较短，消费者购买时尽量选购近期生产的产品。

（2）包装标签。尽量选购袋装干制水产品。要看产品包装上的标签标识是否齐全，特别是配料表、产品标准、厂名、厂址等是否合理和齐全。好的产品一般不添加防腐剂或漂白剂（除鱼干制品），购买时除烤鱼片、鱿鱼丝等即食鱼干制品外，尽量不选购含有防腐剂的干制水产品。

（3）产品外观。好的产品一般色泽均匀，具有该品种的特有形态，如烤鱼片应平整，片型完好，且组织纤维非常明显。不要购买表面有一层粉状物或异常白色的烤鱼片。鱿鱼丝产品中脱皮鱿鱼丝呈淡黄色，带皮鱿鱼丝呈棕褐色，色泽均匀，无异常白色，呈丝条状，每条丝的两边带有丝纤维，肉质疏松有嚼劲。

购买地点。尽量选择在大型超市购买知名企业生产的名牌产品。

第七节　调味品的选购

日常生活中用到的调味品很多，"五味调和百味鲜"，调味品的种类和口味日渐增多，给紧张忙碌一天的人们带来了丰富的味觉享受，但假冒、劣质的调味品同样也对人体健康造成危害。面对市场销售食品的诸多问题，消费者在没有任何专业检测所需的仪器和试剂的情况下，只能凭经验、凭自己的感官来识别优劣。

一、食用油

普通食用油一般是将毛油经过滤除杂、脱胶（或脱酸）、脱水（或脱溶）等简单加工制得。普通食用油可分为一级油、二级油。一级油的色泽、杂质、水分、酸价等指标，都优于二级油。

高级食用油主要是指高级烹调油和色拉油，两者的品质和外观相接近，区别在于耐低温和用途上。色拉油在0℃下冷藏6个小时仍澄清、透明，而高级烹调油就有可能出现混浊。色拉油主要用于凉拌蔬菜、调制色拉、蛋黄酱等生冷食品，而烹调油则主要用于家常炒菜。

调和油是由两种或两种以上的食用油经科学调配而成的高级食用油。市场上常见的调和油，一种是根据营养要求，将饱和脂肪酸、单不饱和脂肪酸和多不饱和脂肪酸按一定比例调配而成的。这种调和油大多采用大豆油、菜籽油、玉米胚芽油、芝麻油、红花籽油、亚麻籽油等植物油调配。另一种调和油是根据风味调配而成的，是将香味浓郁的花生油、芝麻油与精炼的大豆油、菜籽油等调和而成，适合讲究菜肴风味的消费者食用。

煎炸油多应用于食品工业，普通家庭煎炸食品一般也是用烹调油。天然油脂尤其是含不饱和脂肪酸较多的植物油，在高温煎炸条件下，很容易氧化分解，甚至产生有害物质，因此若是要煎炸食品，最好选择专用的煎炸油。煎炸食物也可选用燃点高（230℃以上）、稳定性较好的烹调油，但加工后要尽快食用。

除了植物油外，不少消费者也喜欢购买肥猪肉，自己炼成猪油（俗称荤油）使用。猪油是我国生产量最大的动物性食用油，有一种特殊的香味，又有很好的起酥性和可塑性，广泛用于制作中式点心和糕饼类食品，家常的馄饨、面、炒菜等食物中也少不了猪油。

当然，以前常食用猪油的消费者，因为担心猪油中饱和脂肪酸和胆固醇含量较高，现在基本上少用或者不用了。而现代食品工业已对猪油进行了改良精制，生产出低胆固醇的猪油产品，相对能满足此类消费者的需求。

选购常识：

一般来说，日常生活中要注意尽量购买正规包装的桶装油，少用散装食用油。不同时间可选购不同原料种类的食用油，不要长期只食用一种固定的油脂。比如，花生油的单不饱和脂肪酸较高、多不饱和脂肪酸略低，而豆油的多不饱和脂肪酸很高、单不饱和脂肪酸略低，所以二者可以换着吃。也可选用脂肪酸配比较为理想的调和油。烹调时最好不要用荤油，比如猪油，特别是没有经过改良的、饱和脂肪酸高的猪油。如果以大豆油、玉米油、葵花籽油等为烹调油时，最好佐以橄榄油或茶籽油，以增加单不饱和脂肪酸。如果消费者注重预防心血管疾病或者有心血管疾病者，应该多食用橄榄油、茶籽油等含单不饱和脂肪酸高的油脂。

（1）望。首先察看标签。看清每瓶油标签上的品牌、配料、油脂等级、产品标准号、生产厂家、生产日期以及保质期等。对小包装油要认真查看商标，特别要注意保质期和出厂日期，无厂名、无厂址、无质量标准代码的食用油，千万不要购买。食用油的贮存有一定的期限，生产存放时间较长的油，其品质、营养都会受损。按照国家规定，食用油的外包装上必须标明商品名称、配料表、质量等级、净含量、厂名、厂址、生产日期、保质期等内容，还要有QS标志。

再察看颜色和透明度。纯净的油应该是透明的。油的正常颜色应呈淡黄色、黄色或棕黄色，以浅色为好。如有异样颜色，则是劣质油或变质油，不能食用。一般高品质的食用油颜色浅，低品质的食用油颜色深，芝麻油、小磨油除外。油的色泽深浅也因其品种不同，颜色会略有差异，劣质油比合格食用油颜色要深。油的颜色发深或发黑，就说明精炼度不高，油的品质低下。油的精炼度越高，油的透明度就会越高。透明度高，也说明油的水分杂质少，质量就好。

最后看有没有沉淀和悬浮物。纯净的油应该没有沉淀物，也没有悬浮物。好的植物油静置一段时间后，应该清晰透明、不混浊。还要注意看看有没有分层现象，如果有分层则可能是掺假的混杂油。

（2）闻。不同品种的食用油有其独特的气味，打开油桶盖，鼻子靠近就可闻到。用手指蘸一点油，抹在手掌心，双手合拢摩擦，手掌发热时闻其气味，品质好的油不应有其他异味。闻上去有异味或者有刺激性的味道，说明是劣质油或变质油，不能食用。

（3）问。询问一下经销商的进货渠道，问其能否提供进货发票或者当地食品卫生监督部门的抽样检测报告。

（4）尝。将油加热倒出，如果是优质食用油应无沉淀、无杂质。如果有杂质且味苦，则油中可能掺有异物或已劣变等；如果杂质味甜，则油中可能掺有含有糖类杂质。如果加热时出现过多的泡沫，且伴有呛人的带苦油烟味，则都是劣质油或变质油，不能食用。

如果品尝起来，口感带酸味，则这样的油属于不合格产品，有焦苦味的油已发生酸败，有异味的油可能是掺假油。

二、醋

（一）食醋的选购

选购食醋时应从以下几方面鉴别其质量：一是看包装上是否有QS标志，即产品是否符合食品质量安全市场准入制度的要求；二是看颜色，食醋有红、白两种，优质红醋要求为琥珀色、红棕色或黑莹色；三是闻香味，优质醋具有芳香酸味，没有其他气味；四是尝味道，优质醋酸度虽高而无刺激感，酸味柔和，稍有甜味，不涩，无其他异味。

（二）优劣醋的辨别

鉴别食醋质量，首先应看外包装。优质食醋其包装精美，图案鲜明，字迹清晰，标签标注内容准确完整。优质醋应透明澄清，浓度适当，没有悬浮物、沉淀物、霉花浮膜。食醋从出厂时算起，瓶装醋三个月内不得有霉花浮膜等变质现象，散装的一个月内不得有霉花浮膜等变质现象。

优质醋的颜色为琥珀色、红棕色或无色透明；有光泽；有熏香、脂香或醇香；其酸味柔和，稍带甜味，不涩，回味绵长；浓度适当，无沉淀。

劣质醋因发酵质量差，而用醋酸勾兑，颜色浅淡，发乌，开瓶酸气冲眼睛，无香味；口味单薄，除酸味外，因杂菌污染有明显的苦涩味，也常有沉淀物和悬浮物。

（三）保存和使用

在盛醋的瓶子中加入少许香油，使其表面覆盖一层薄薄的油膜，也可防止醋发霉变质。若在醋瓶中放一段葱白、几个蒜瓣，也可起到防霉的作用。需要注意的是，食醋不宜用铜器盛放，因铜质器皿盛放食醋，会使铜与醋酸等发生化学反应，产生醋酸铜等物质，食用后对健康不利。

三、酱油

（一）酱油的选购

选购酱油时可采取一看二闻三尝的办法。一看就是将瓶子倒置，看瓶底是否留有沉淀物，再将其竖正摇晃，看瓶壁是否留有杂物；二闻就是用鼻子来检查酱油是否有酱香和脂香气；三尝是取一滴酱油在舌尖上品味，好酱油应甜味适口，滋味鲜美，不得有苦、酸、涩等异味和霉味。除此之外，购买酱油时要识别包装上是否有破损或污物，尤其是袋装酱油。另外要选购包装上具有 QS 标志的酱油产品，并注意出厂日期和保质期。

（二）优劣酱油的辨别

优质酱油应澄清，无沉淀物，无霉花浮膜，可以摇晃瓶子，看酱油沿瓶壁流下的快慢。优质酱油其黏稠性较大，浓度较高，因此流动较慢；而劣质酱油浓度小，一般均流得较快。在观察酱油浓度的同时可观察颜色，优质酱油应呈红褐色或棕褐色，鲜艳、有光泽、不发乌。购买酱油时，要观察和品尝所买酱油是否具有正常酿造酱油的色泽、气味和滋味，凡有不良气味，尝之有酸、苦、涩味，以及有霉味、浑浊、沉淀等皆是劣质酱油。因为劣质酱油与一般酱油的品质有一定差异，不具有酱油固有的气味，鲜味和香味十分淡薄。一些掺假者往往用盐水和酱色等来兑制，观察时可能无异常发现，但味道很差。

（三）保存和使用

家中存放酱油的时间不宜过久，若一次购买较多，可每隔两三天将酱油瓶置于太阳光下晒 20 分钟，防止长白醭。酱油还要注意保质期和存放环境条件。

四、食盐

一看色泽。优质盐应为白色，质次的呈红色、黄色或黑色。

二看结晶。纯净的盐结晶为六面体。含杂质多的盐为多面或不规则的结晶，凡晶粒均匀、整齐而规则的质佳。

三尝咸味。纯净的盐应有正常的咸味。而含有钙、镁等水溶性杂质时，咸味稍带苦涩。含泥沙杂质时有碜牙的感觉。由于食盐吸湿性高，周围环境中湿度超过 70% 时便会潮解，盐放久了会变得湿漉漉的或出现结块，存放时要注意干燥通风。

五、酱

黄豆酱：根据含水量的不同可分为干黄酱和稀黄酱。优质干黄酱应呈红黄色，有光泽，有甜香味，不带腐味，不变黑，用手掰开后有白茬，内红，结实；稀黄酱应呈深杏黄色，有光泽，有浓郁的酱香味和鲜味。

面酱：优质面酱应色泽金黄，味道香甜，咸淡适口，细腻质稠。无异味，无霉花，无杂质。

豆瓣酱：优质品呈酱红色或褐色，鲜艳而有光泽；品尝时有其特有的醇厚风味，无苦味，无霉味，无异味。可有豆瓣碎块存在，要求无僵豆瓣、杂质、辣椒皮和辣椒种子。

第十一章 食物过敏、食物中毒的
预防和救治

第一节 食物中毒与预防

一、食物中毒

（一）什么是食物中毒？

食物中毒是指健康人经口食入正常数量、可食状态的"有毒物质"后引起的以急性感染或中毒为主要临床特征的疾病。因摄入食物而感染的传染病、寄生虫病等食源性疾病不属于此范围，也不包括因暴饮暴食引起的急性胃肠炎。食物中毒的共同特征为多人摄入同样的食物后短时间内即发生恶心、呕吐、腹痛、腹泻等典型临床症状。

（二）食物中毒的种类有哪些？

根据病原物质可将食物中毒分为四类：①细菌性食物中毒。②霉菌毒素食物中毒。③有毒动植物食物中毒。④化学性食物中毒。

（三）食物中毒的常见原因有哪些？

食物中毒的原因有：①原料选择不当，如食品已被细菌或毒素污染，食品腐败变质。②食品在生产、加工、运输、储存、烹饪等过程中不注意卫生，如生熟不分、加热时间不够、保存不当等原因。③进食前食物加热不充分，未能杀灭细菌或破坏其毒素。

（四）生活中如何防范食物中毒？

（1）不买无照经营（非食品厂家）、个体商贩自宰自制的食品。

（2）购买食品时要查验食品的"生产日期""有效期""保质期"等食品安全标识。坚决不买不用过期、伪劣、假冒（如勾兑假酒等）食品。可以放心购买有"QS"认证标识的食品。

（3）不吃变形、变味、变色食品和包装破损或异常的食品（如胀罐），因为这种食品可能发生腐败变质。

（4）冰箱保存食品要严格分类分区，不能冷热混放。如生鲜食品（鱼、肉、海鲜）应存放在冷冻室；加工食品不吃要放在冷藏室，并严格遵守保存时间。

（5）粮谷类及油脂要存放在通风、干燥、避光的地方，做好防霉、防虫、防鼠工作。

（6）便后、饭前、加工食品前要洗手。

（7）防止生、熟食品之间交叉加工，要做到加工每一种食品前后都要洗手。案具、刀具不能混用，这对预防寄生虫病（如肝吸虫）很重要。饮用清洁水，不喝冷水。

（8）外出就餐要注意就餐环境卫生、餐具清洁度；不吃装盒超过2小时的盒饭。

（9）不吃不熟的青豆角、鲜黄花菜，不吃发芽的马铃薯，不吃野生蘑菇、霉变粮谷和蛋壳破裂有异味的鸡蛋。

二、细菌性食物中毒与预防

（一）什么是细菌性食物中毒？

细菌性食物中毒是指由于吃了被细菌或其毒素所污染的食物而引起的急性中毒性疾病。常见病原体有沙门氏菌、副溶血性弧菌（嗜盐菌）、大肠杆菌、变形杆菌等。细菌毒素引起的食物中毒称为毒素型食物中毒，常见的有误吃含有葡萄球菌、产气荚膜杆菌及肉毒杆菌等细菌毒素污染的食物导致的食物中毒。细菌性食物中毒是食物中毒中最常见的一种，夏秋季多发。

（二）细菌性食物中毒有哪些特征？

细菌性食物中毒的特征有：①在集体用膳单位常呈爆发起病，发病者与食入同种食物有明显关系。②潜伏期短，突然发病，细菌性食物中毒的临床表现以急性胃肠炎为主，而肉毒杆菌中毒则以眼肌、咽肌瘫痪等神经系统症状为主。③病程较短，轻者多数在2~3日内自愈，重者可死亡。④多发生于夏秋季，根据临床表现的不同，分为胃肠型食物中毒和神经型食物中毒。

（三）什么是胃肠型食物中毒，如何预防？

胃肠型食物中毒较多见，特别是在夏秋季好发。吃了被细菌污染的食品后，短时间出现以恶心、呕吐、腹痛、腹泻为主要特征的食物中毒称胃肠型食物中毒。预防胃肠型食物中毒，要做好饮食卫生监督工作，特别是要加强对学校食堂、节日聚餐的饮食卫生监督，防止食物中毒事件发生。对炊事人员要定期进行健康检查及卫生知识宣传教育。要认真贯彻《中华人民共和国食品安全法》，切实做到：①禁止食用病死禽畜。若因伤致死，经检查肉质良好的，食用时应注意弃去内脏，彻底洗净，肉块要小，煮熟、煮透。刀、板用后要洗净消毒。肉类、乳类在食用前应注意冷藏（6℃以下）。②肉要煮透，接触熟食的一切用具要事先流水洗净，加工生鱼、生肉的刀、板应经清洗、消毒才能用于切熟食。蒸煮螃蟹要在沸水中充分煮透。吃剩的螃蟹存放超过6小时者应再煮一次才能吃。禽蛋应煮沸8分钟以上。③生鱼、生肉和蔬菜应分开存放。剩余饭、菜等要存放在通风阴凉处，以防变馊，食前须彻底加热。最好现做现吃，避免剩饭剩菜。④消灭苍蝇、鼠类、蟑螂和蚊虫。

（四）什么是毒素型食物中毒，如何预防？

常指肉毒杆菌毒素食物中毒，是因吃了含有肉毒杆菌毒素污染的食物而引起的中毒性疾病。过去多是因为吃变质的罐头食品，近年来，经常有吃变质的臭豆腐中毒死亡的报告，这都是由于肉毒杆菌毒素中毒引起的。肉毒毒素食物中毒与一般细菌性食物中毒不同，患者消化道症状，如恶心、呕吐、腹痛等多不明显，而以中枢神经系统症状，如眼肌及咽肌瘫痪为主要表现。潜伏期 6 小时至 10 天，一般 1~4 天。起病突然，初期伴有头痛、头昏、眩晕、乏力、恶心、呕吐；稍后，眼内外肌瘫痪，出现眼部症状，如视力模糊、复视、眼睑下垂、口腔及咽部潮红，伴有咽痛。如咽肌麻痹、瘫痪，则可致呼吸困难。由于颈肌无力，头向前倾斜或倾向一侧。泪腺、汗腺及唾液腺分泌先增多后减少。血压先是正常后升高，脉搏先缓慢后加快。常有顽固性便秘、腹胀、尿潴留。病程中神志清楚，感觉正常，不发热。轻者 5~9 天内逐渐恢复，但全身乏力及眼肌瘫痪持续较久。重症患者抢救不及时多因呼吸衰竭死亡，病死率为 30%~60%。肉毒杆菌厌氧，在缺氧环境下肉毒杆菌可大量繁殖，产生大量外毒素。多见于腌肉、腊肉、猪肉及制作不良的罐头食品，部分地区曾因食用豆豉、豆瓣酱、臭豆腐及不新鲜的鱼、猪肉、猪肝而发病。肉毒毒素耐酸不耐热，煮沸 10 分钟，或加热到 80℃ 30 分钟即可使其遭到破坏。预防措施：①食品罐头的两端若有膨胀现象或内容物有色、香、味改变的，应禁止出售和食用。②慎吃生酱和变质的臭豆腐，生酱应加热后再吃。③自制发酵酱类时，原料应清洁新鲜，腌之前要充分冷却，盐度要达到 14% 以上，要经常日晒，充分搅拌，使氧气供应充足。

（五）吃病死猪肉有什么危害？

自 2005 年 6 月下旬以来，四川省资阳市相继发生了急性发病、高热、伴有头痛等全身中毒症状的病例，重者出现中毒性休克、脑膜炎。当时称作"资阳怪病"。调查表明，疫情是由猪链球菌感染引起的。患者或死亡者均有与病死猪接触史（宰杀或吃肉）。人感染猪链球菌后，因细菌侵入部位不同，临床表现也不同。多数病例发病初期均出现高热、全身不适、眩晕等症状。临床上主要分为两个类型，即败血症型和脑膜炎型。败血症型常伴有中毒性休克，表现为发病急剧，突发高热，肢体远端部位出现瘀点、瘀斑。早期可伴有胃肠道症状、休克。病情进展快，很快转入多器官衰竭，如呼吸窘迫综合征、心力衰竭、弥漫性血管内凝血和急性肾功能衰竭等，预后较差，病死率极高。因此，一定不要吃病死猪肉。

（六）农村自办酒席应注意什么？

农民红白喜事、生子嫁女时多要自办酒席。近年来，自办酒席食物中毒事件时有发生，应引起高度重视。

农村自办酒席食物中毒严重威胁农民健康，绝不可忽视。为避免发生食物中毒，要求自家办酒席时要严格做到：①自办酒席前要先到有关部门备案（预防保健科，食品协管员），以便能够得到卫生防疫部门的指导。②事先要检查水源，井水要消毒，并做好水源地防护。③要到正规农贸市场购买食品，不买腐败变质食品，购买食品时要查看生产日期、保质期，要发票。④加工食品的人员应有健康证明，并在近 3 天内没有患过任何传染性疾病。⑤生熟食品要分别加工、存放；加工生熟食品时要分别洗手，防止交叉污染。⑥冷冻食品要彻底解冻后再使用，食品要煮熟，特别是肉要煮透，不吃半生不熟的豆角。⑦餐具应使用专用水池（盆）洗刷干净，用前消毒。⑧常温下放置超过 2 小时以上的熟食不能再吃。冰箱保存的食品再吃时一定要热透。

三、霉菌性食物中毒与预防

（一）什么是霉菌性食物中毒？

霉菌是真菌的一种，由霉菌毒素引起的食物中毒称霉菌性食物中毒。有很多种霉菌能产生毒素，在这些毒素中毒性最强的是黄曲霉毒素，其毒性比亚硝胺强 75 倍，比砒霜强 68 倍，比氰化钾强 10 倍。若低剂量摄入，可造成慢性中毒，对肝脏的损害尤其大；若大剂量摄入，可造成急性中毒。黄曲霉最喜欢在玉米、花生中繁殖产毒。

（二） 黄曲霉毒素急性中毒有哪些危害，如何预防？

霉菌污染食物后不仅可造成腐败变质，而且有些霉菌还可以产生毒素，能造成误食人畜霉菌毒素食物中毒。黄曲霉毒素的毒性极强，它的毒性仅次于肉毒毒素。黄曲霉毒素对许多动物有强烈毒性。典型的动物急性中毒表现为：食欲下降、口渴、便血，继之出现抽搐、过度兴奋、黄疸等症状。我国台湾曾报道有 3 家农民因食用了黄曲霉毒素含量高的发霉大米，导致 25 人中毒，其中有 3 名儿童死亡。中毒的临床表现有恶心呕吐、厌食和发热，重者出现黄疸和腹水、肝脾肿大、肝硬化，甚至死亡。长期低剂量摄入黄曲霉毒素污染的食物可造成慢性损害。主要表现为动物生长障碍，肝脏出现亚急性或慢性损害，母畜不孕或产子少。黄曲霉毒素还是一种强烈的嗜肝毒素，国内大量调查结果显示，食物中黄曲霉毒素污染严重的地区，居民肝癌发病率升高。农村习惯自家仓储粮食，如果庄稼收割、晾晒不及时，降水不达标，仓储不通风，粮食很容易遭黄曲霉毒素污染，因此，粮食及时降水（在 13% 以下）是防霉的关键。另外，高温梅雨季节，粮食、面粉及制成品应注意通风干燥。购买花生、玉米等应认真挑选，拣出霉变、发芽、虫蛀的部分。食油也不宜放置过久，随购随吃，对于变色、有沉淀的花生油、豆油等应弃之不用，以防万一。农村自家仓储粮食时要特别注意及时收割、晾晒、降水、通风、防潮、防霉，学会科学仓储。

（三） 为什么不能吃霉变的地瓜？

地瓜因霉菌污染表面会出现黑褐色斑块，变苦。霉菌毒素主要是甘薯酮、甘薯醇、甘薯宁等。毒素耐热性较强，因此生食或熟食霉变地瓜均可引起中毒。中毒症状轻者恶心、呕吐、腹痛、腹泻，并有头晕、头痛，重者同时出现痉挛、嗜睡、昏迷、瞳孔散大。3~4 天后体温升高，严重者可导致死亡。预防措施包括：①做好地瓜的贮藏工作，防止地瓜皮破损受霉菌污染，注意贮存条件防止霉变。②经常检查贮藏的地瓜，如发现有褐色或黑色斑点，应及时选出，防止病菌扩散。③已发生黑斑病的地瓜，不论生熟都不能食用，但可用作工业酒精的原料。

（四）为什么不能吃霉变的甘蔗

霉变甘蔗中毒是指食用了保存不当而霉变的甘蔗引起的急性食物中毒。常见于我国北方地区的初春季节，每年都有儿童和青少年因吃霉变甘蔗中毒死亡的事件。霉变甘蔗质软，瓢部比正常甘蔗色深，呈浅棕色，闻之有轻度霉味。从霉变甘蔗中能分离出霉菌（甘蔗节菱孢霉），其毒素为3-硝基丙酸，是一种神经毒，主要损害中枢神经系统。中毒症状是：潜伏期短，最短仅十几分钟，中毒症状最初为一时性消化道功能紊乱，恶心、呕吐、腹泻、腹痛、黑便，随后出现神经系统症状，如头晕、头痛和复视。重者可出现阵发性抽搐，抽搐时四肢强直，屈曲内旋，手呈鸡爪状，眼球向上偏，凝视状态，瞳孔散大，继而进入昏迷。患者可死于呼吸衰竭，幸存者则会留下严重的神经系统后遗症，导致终生残疾。目前尚无特效药物治疗，在发生中毒后要尽快洗胃、灌肠及排除毒物，并对症治疗。预防措施包括：①甘蔗必须成熟后收割，因不成熟的甘蔗容易霉变。②甘蔗应随割随卖，不要长期存放。③甘蔗在贮存过程中应防止霉变，存放时间不要过长，并定期对甘蔗进行感官检查，禁止出售已霉变的甘蔗。④开展预防甘蔗霉变中毒的教育工作，特别是教育儿童不买、不吃霉变甘蔗。

四、有毒动植物食物中毒与预防

（一）什么是有毒动植物食物中毒？

有些动植物自身含有天然有毒化学物质，如河豚毒素、鱼组胺、毒蕈毒素、氰苷酸等。摄入含有这些有毒物质的动植物时就会引起食物中毒。特别是在农村，每年都会有各种有毒动植物食物中毒事件发生，应高度警惕。

（二）为什么吃河豚鱼会引起中毒？

河豚鱼是一种味道鲜美但含有剧毒的鱼类，有些地方称为腊头鱼、街鱼、乖鱼、龟鱼等。河豚鱼的有毒成分是河豚毒素，它是一种神经毒素，人食入河豚毒素 0.5~3 毫克就会死亡。中毒表现为：食后半小时左右感到手指、口唇、舌尖麻木，会有刺痛感，接着出现恶心、呕吐、腹痛、腹泻、四肢无力、麻痹、行走困难、瞳孔散大、皮肤青紫、血压下降，最后呼吸衰竭死亡。河豚的肝、脾、肾、卵巢、睾丸、眼球、皮肤及血液均有毒。以卵巢和肝脏毒性最强，肾、血液、眼睛和皮肤次之。毒素耐热，100℃加热 8 小时都不能被破坏，120℃加热 1 小时才能被破坏。盐腌、日晒也都不能破坏毒素。每年春季是河豚鱼的产卵季节，这时鱼的毒性最强，所以，春天是河豚鱼中毒的高发季节。主要发生在我国沿海地区、长江、珠江等河流入海口处。严禁饭店、酒店和个人自行加工河豚鱼是避免河豚鱼中毒的根本措施。

（三）吃有毒贝类中毒有哪些表现？

贝类中含有的毒素不同，中毒表现也各异，一般有以下几种类型：①神经型。即麻痹性贝类中毒，引发中毒的贝类有贻贝、扇贝、蛤仔、东风螺等，它们的有毒成分主要是蛤蚌毒素。潜伏期 5 分钟至 4 小时，一般为 0.5~3 小时。早期有唇、舌、手指麻木感，进而四肢末端和颈部麻痹，直至运动麻痹、步态蹒跚，伴有发音障碍、流涎、头痛、口渴、恶心、呕吐等，严重者因呼吸麻痹而死亡。②肝型。引起中毒的贝类有蛤仔、巨牡蛎等，有毒部分为肝脏。潜伏期 12 小时至 7 天，一般为 24~48 小时。初期有胃部不适、恶心、呕吐、腹痛、疲倦，也可有微热，类似轻度感冒。皮肤还常常可见粟粒大小的出血点，红色或暗红色，多见于肩胛部、胸部、上臂、下肢等。重者甚至发生急性肝萎缩、意识障碍或昏睡状态，预后不良，多有死亡发生。③日光性皮炎型。是由于吃了泥螺而引起的，潜伏期 14 天。初期面部和四肢的暴露部位出现红肿，并有灼热、疼痛、发痒、发胀、麻木等感觉。后期可出现瘀血斑、水疱或血疱,破后引发感染。可伴有发热、头痛、食欲不振。

(四) 为什么大量生食果核仁和木薯可中毒?

生吃苦桃仁(含苦杏仁苷)、枇杷仁、亚麻籽(含亚麻苦苷)、杨梅仁、李子仁、樱桃仁、苹果仁、木薯可中毒。这些植物性产品中含有氰苷类,氰苷经水解后可析出游离态的氢氰酸,可致人体组织细胞窒息中毒。中毒症状为口内苦涩、头晕头痛、恶心呕吐、心悸脉速、四肢无力、胸闷、呼吸困难、呼出的气中有苦杏仁味,严重者意识不清、瞳孔散大、全身痉挛、呼吸心跳停止。生食苦杏仁中毒量,成人为40~60粒,小儿为10~20粒,致死量约为60克。苦桃仁、枇杷仁的致死量分别为0.6克(约1粒)/千克体重、2.5~4克(2~3粒)/千克体重。为预防中毒不要生吃各种果核仁和木薯,也不可食用炒过的苦杏仁。

(五) 为什么不要吃未煮熟的豆角?

吃未煮熟的豆角可发生食物中毒。一年四季各地都有因吃未煮熟的豆角发生的食物中毒事件。生豆角(芸豆、扁豆)中含有胰蛋白酶抑制剂、红细胞凝集素和皂素等对人体有害的物质,如果不煮熟(以豆粒煮熟为熟),人食用后1~5小时内就会出现中毒反应,如恶心、呕吐、腹痛。严重者会出现心慌、腹泻、血尿、肢体麻木等。因此,吃豆角时一定要炒熟、煮透(没有豆腥味),最好炖着吃。集体食堂最好先用水把豆角焯熟再炒才安全。

(六) 有毒蘑菇中毒有哪些表现?

我国有100多种毒蘑菇,常见的可致人死亡的至少有10种。中毒表现与毒蕈种类、进食量、加工方法及个体差异有关。根据毒素成分,中毒类型可分为4种:①胃肠炎型。可能由类树脂物质、狐蕈或毒蕈酸等毒素引起。潜伏期10分钟到五六个小时,表现为恶心、剧烈呕吐、腹痛、腹泻等。病程短,预后一般良好。②神经精神型。引起中毒的毒素有毒蝇碱、蟾蜍素和幻觉原等。潜伏期

6~12 小时。中毒症状除有胃肠炎外，主要有神经兴奋、精神错乱和抑制，也可有多汗、流涎、脉缓、瞳孔缩小等。病程短，无后遗症。③溶血型。由鹿蕈素、马鞍蕈毒等毒素引起，潜伏期 6~12 小时，除急性胃肠炎症状外，可有贫血、黄疸、血尿、肝脾肿大等溶血症状。严重者可致死。④肝肾损害型。主要由毒伞七肽、毒伞十肽等引起。毒素耐热、耐干燥，一般烹调加工不能破坏。毒素损害肝细胞核和肝细胞内质网，对肾也有损害。潜伏期 6 小时到数天，病程较长。临床经过可分为 6 期：潜伏期、胃肠炎期、假愈期、内脏损害期、精神症状期、恢复期。该型中毒病情凶险，如不及时积极治疗，病死率很高。一旦发生毒蘑菇中毒，要及早到医院诊断治疗。采取催吐、洗胃是减轻病情、降低死亡率的关键措施。为防止有毒蘑菇中毒，不要自行采野蘑菇吃（很多有毒蘑菇难以和无毒蘑菇区别）。

五、化学性食物中毒

（一）为什么亚硝酸盐不能当食盐吃？

亚硝酸盐不是食盐。食盐的主要成分是氯化钠，为无色立方晶体，呈咸味，溶于水，温度对它的溶解度影响很小，是人体不可缺少的营养物质。而亚硝酸盐属剧毒类化学物质，不能食用，又称它为工业用盐。常见的亚硝酸盐有亚硝酸钠和亚硝酸钾，为白色或微黄色结晶或颗粒状粉末，无臭味，微咸涩或稍带甜，易潮解，易溶于水，外观像食盐、白糖、发酵粉及碱面，非常容易误食，因此，亚硝酸盐食物中毒事件经常发生。亚硝酸盐食物中毒是指食用了含硝酸盐或亚硝酸盐的蔬菜，或误食亚硝酸盐后引起的一种高铁血红蛋白血症，也称肠源性青紫病。表现为头痛，头晕，无力，胸闷，气短，嗜睡，心悸，恶心，呕吐，腹痛，口唇、皮肤、黏膜及指甲青紫。严重者可有心律失常、昏迷，常因呼吸和循环衰竭而死亡。亚硝酸盐中毒剂量为 0.1 克，致死量为 1.0~2.0 克。误食亚硝酸盐纯品引起的中毒潜伏期很短，一般仅为 10~15 分钟，中毒快、致死率高，因此，凡是吃完东西后，出现口唇、指、趾端青紫，面色灰暗，精神萎靡，心跳加快，头晕，呕吐，出冷汗，甚至血压下降、抽搐、昏迷等情况，都要想到亚硝酸盐中毒的可能，首先要采用简易方法进行催吐处理，同时快速送往医院抢救（注射美兰）。

长期食用含亚硝酸盐多的食物还可致癌、致畸。大量的动物实验已证明，亚硝胺是强致癌物，并能通过胎盘和乳汁引起后代发生肿瘤。人群流行病学调查表明，人类某些癌症，如胃癌、肝癌、食道癌、结肠癌和膀胱癌等都与亚硝氨有关。亚硝胺及亚硝酸胺属N-亚硝基化合物，硝酸盐、亚硝酸盐为其前体化合物。

（二）如何预防亚硝酸盐中毒？

为了预防亚硝酸盐中毒，要切实做到以下几点：①保持蔬菜新鲜，不要吃腐烂变质的蔬菜，烂菜亚硝酸盐含量高。②不要吃刚腌过的菜，如酸菜，在腌制的第 8 天内亚硝酸盐含量最高，腌菜时应稍多放些盐，至少要腌上 20 天以上再吃。吃酸菜时最好同时吃一些富含维生素 C 的水果，可减少亚硝酸盐的危害。③肉制品中硝酸盐和亚硝酸盐的用量应严格执行国家卫生标准的规定，切不可多放。④不喝苦井水，不用苦井水煮饭。⑤保管好亚硝酸盐，防止误把亚硝酸盐当作食盐或碱而误食中毒。

（三）为什么不要吃棉籽油？

食用粗制棉籽油可导致人体急、慢性中毒。急性中毒又称烧热病，表现为皮肤灼热、无汗，可同时有头晕、乏力、烦躁、恶心、瘙痒，有的还表现为肢体麻木无力。慢性中毒可致女性闭经、子宫萎缩，男性不育。曾有一位 29 岁的农村青年结婚 7 年未育，生精细胞学检查为无精子。询问得知，该青年曾食用生棉籽油 10 年以上。

（四）有机磷农药中毒有何症状？

有机磷农药中毒在农村时有发生。在生产和使用中如果不注意防护，或者误食均可引起中毒。有机磷农药中毒的潜伏期为 10 分钟至 2 小时。根据临床表现和胆碱脂酶活力降低程度，可分为 4 级：①潜在性中毒。一般没有临床症状，只是在血化验中发现胆碱脂酶活性下降至正常值的 70%~90%。一般不需治疗，但要观察 12 小时以上。②轻度中毒。表现为无力、头痛、头晕、恶心、呕吐、多汗、流涎、腹痛、视物模糊、瞳孔缩小、四肢麻木。③中度中毒。上述症状加重，并出现肌肉震颤、轻度呼吸困难、走路失去平衡等症状。④重度中毒。发病后很快出现昏迷、心率加快、血压上升、发热、瞳孔极度缩小、对光反射消失，进而出现呼吸困难、肺水肿、口唇青紫、抽搐、大小便失禁，常因呼吸麻痹、循环衰竭死亡。一旦发现有机磷中毒，即使是轻度有机磷中毒，也应把患者立即送到医院急救。

（五）什么是"瘦肉精"中毒？

"瘦肉精"学名盐酸克仑特罗，俗称兴奋剂。将一定剂量的盐酸克仑特罗添加到饲料中，可以使猪等畜禽的生长速度、饲料转化率、胴体瘦肉率提高 10% 以上。食用含有这种饲料添加剂饲养的生猪猪肉和内脏会引起人体心血管系统和神经系统的疾病。

六、食物中毒的处理

（一）发生食物中毒时如何紧急自救？

发生食物中毒后，要尽快采取措施排除毒物，阻滞未排出毒物的吸收，促进毒物尽快排泄。对轻型患者来说，应立即采取一些简易排毒措施以避免病情加重。对于中毒严重者，则需及时送往医院采取特殊治疗措施。排除毒物的方法有催吐、洗胃及导泻等。

（1）催吐。中毒后不久，毒物尚未完全吸收，此时催吐效果较好，而且方法简单。催吐的条件是患者意识必须清醒。若中毒后已经发生剧烈呕吐，可不必催吐。催吐的方法有多种，最简单的是用筷子或汤匙柄刺激后咽壁（咽喉部）使之呕吐。另外，可用一杯温盐水或温开水加 10~20 滴碘酒，混匀后口服催吐效果也很好。

（2）洗胃。洗胃的方法有多种，对神志清醒的患者，可令其反复喝进洗胃液，然后吐出。常用洗胃液有：①温开水或2%～4%温盐水或温肥皂水，适于毒物不明的中毒。②0.02%～0.05%高锰酸钾溶液，除1605（对硫磷）中毒外，适用于一切中毒。③浓茶、碘酊、0.2%～0.5%活性炭溶液、0.5%～4%鞣酸溶液、1%～3%过氧化氢溶液等，适用于生物碱中毒。④1%～3%小苏达溶液适用于有机磷中毒（敌百虫中毒除外）。⑤1.5%硫酸钠溶液，适用于钡盐中毒。

（3）导泻。胃肠中毒时间较长或腹泻次数不多的患者可能有毒物滞留肠道内，应及时就医排除肠道内容物及毒物。

（二）发生食物中毒时如何处理现场？

发生食物中毒时应及时报告当地卫生行政部门，保护现场并对患者采取紧急救助，卫生行政部门应按照《食物中毒事故处理办法》进行现场调查、样品采集、分析鉴定及事后处理，防止事件扩大。禁止食用可能引起食物中毒的食物，接触过被污染或有毒食物的炊具、食具、容器和设备等都应立即消毒（蒸煮或药物处理）。

第二节　常见食源性寄生虫疾病与预防

一、食源性疾病

（一）什么是食源性疾病？

目前我国农村的食品安全问题和城市一样主要是以食源性疾病为主。按照世界卫生组织的定义，凡是通过摄食而进入人体的病原体和有毒物质，使人体患感染性或中毒性疾病，统称食源性疾病。主要原因是人吃了被污染的食品所致，包括细菌及其毒素、病毒、霉菌及其毒素污染，寄生虫及其虫卵造成的生物性污染，农药残留、重金属、有机污染物等造成的化学污染等。食源性寄生虫疾病属于食原性疾病的一种。

（二）什么是食源性寄生虫病？

食源性寄生虫病是由于摄入含有寄生虫幼虫或虫卵、生的或未经彻底加热的食品引起的一类疾病。发病率较高、危害较重的常见食源性寄生虫病主要有肝吸虫、肺吸虫、绦虫、囊虫、旋毛虫等病。在占我国人口 80% 的农村，这些食源性寄生虫病仍是危害农民健康的主要疾病之一。我国的人群感染率为 0.37%，在某些高发地区可达 16%。这和近年来吃生鲜、未彻底加热食品的人越来越多有关。

二、常见食源性寄生虫疾病

（一）食源性寄生虫病有哪些危害？

寄生虫对人体健康和畜牧家禽生产的危害十分严重。食源性寄生虫可寄生在人体的各个器官，引起多种食源性疾病，如蛔虫病等。蛔虫和绦虫在肠道内寄生，不但吸取养分，而且影响肠道的功能，导致营养不良发生。蛔虫多了可扭曲成团造成肠梗阻，一旦钻到胆管里还会引起胆道蛔虫、胆道感染。囊虫若寄生在脑内可导致脑压增高、脑炎。有些寄生虫的分泌物可影响人的造血功能引起贫血。

（二）为什么人吃了痘猪肉会得绦虫病和脑囊虫病？

如果猪吃到有绦虫卵的粪便，就可能变成痘猪。人吃了痘猪肉就会得上绦虫或脑囊虫病。人患绦虫病，成虫（绦虫）可吸附在人的肠壁上长达十几年，吸取营养，使人食欲减退、体重减轻、消化不良、贫血，腹痛、腹泻。由于囊虫（幼虫）侵入人脑内的数目和部位不同，以及囊虫的发育过程不一，临床症状也不同。一般而言，可引起头晕、头痛、记忆力减退、视力障碍，甚至失明。少数患者由于大量囊虫进入脑内，发病非常急骤，可出现明显的精神和神经功能障碍，可突然死亡。本病主要是由于不良的饮食习惯、生活习惯和卫生习惯造成的，其他原因还有生猪饲养方式不合理、粪便处理和厕所结构不科学、生猪屠宰管理不正规和肉品检疫不严格。

（三）为什么吃生鱼会感染肝吸虫？

一些渔民为了方便，往往在渔船上自己制作生鱼片食用，住在河沟、池塘、湖泊附近的一些居民也常常使用酱油、醋等调料制作生拌鱼吃，这些地区肝吸虫病发病率很高。我国肝吸虫病感染率为某些疫区高达 54.6%。淡水鱼是肝吸虫的主要宿主，在生食淡水鱼时，极易感染肝吸虫病。另外，烤鱼时常不易熟透，吃半生不熟的烤鱼也易感染上肝吸虫。甚至抓鱼后不洗手、使用切过生鱼的刀和菜板再切熟食也可感染。

肝吸虫慢性感染可引起肝损伤，导致肝炎、胆管炎、肝纤维化、肝硬化、甚至肝癌。表现为食欲不振、胃部不适、腹胀腹泻、肝大肝痛、贫血、皮肤发黄，甚至死亡。预防上要注意：不吃生的或半生不熟的鱼虾，分开使用切生、熟食物的刀和菜板。

（四）为什么生吃淡水蟹易患肺吸虫病？

人感染肺吸虫，主要是因为生吃或半生吃含有肺吸虫囊蚴的淡水蟹类、蝲蛄所致。猪、野猪、兔、鸡、棘腹蛙、鼠、鸟类等多种动物都是肺吸虫的转续宿主，人如果生吃或半生吃这些转续宿主的肉，也可能被感染。我国各地吃蟹和蝲蛄的方法不同。例如，在东北地区人们爱吃腌蝲蛄；浙江等地有生吃醉蟹的习惯；福建闽北山区流传吃生溪蟹能滋阴降火，治关节炎和流鼻血的说法；广西部分地区居民常将捕到的溪蟹敲碎与咸菜相拌后下饭。这几种吃法都可能使人感染肺吸虫。肺吸虫的幼虫在人的肺内发育成成虫并产卵，可在人体内存活 5 年以上，造成严重的肺损伤，如引起咳嗽、胸痛、咯血。

（五）为什么福寿螺未煮熟煮透不能吃？

2006 年 10 月 7 日，北京市卫生局召开新闻发布会，报告有研究证实，每只福寿螺内含广州管圆线幼虫多达 3 000~6 000 条。如果生吃或半生吃福寿螺，包括陆地螺、淡水虾、蟾蜍及蛙等，广州管圆线幼虫可经口通过消化道进入人体，之后可寄生在人的中枢神经系统，导致广州管圆线幼虫病。患者有脑膜炎、低热、脑压高、头痛、皮肤疼痛（烧灼感）等症状。治疗药物有丙硫米唑等。

（六）为什么野生蛙肉不能吃？

吃野生蛙肉，能使人感染曼氏裂头蚴病。曼氏裂头蚴病是裂头绦虫的幼虫在人体软组织、内脏寄生的一种疾病。幼虫有很强的移动能力，擅长钻孔，当在人体内潜行活动并产生毒素时，即可引起组织发炎、溶解、坏死，形成脓肿、肉芽肿等病变，损伤可遍及全身。如寄生在眼球，可引起穿孔、失明；经口入肠，穿通肠壁，可致腹膜炎、感染性休克；移行至胸膜腔、肝脏可引起巨大脓肿；幼虫还可穿越胎盘，侵犯胎儿；上行入大脑，引起瘫痪、抽搐或似"癫痫"病样发作。

（七）为什么肉串必须烤熟才能吃？

猪、牛、羊等动物，特别是猪感染了旋毛虫病以后，其肌肉内会有大量旋毛虫幼虫寄生并结成包囊。如果人们吃了半生不熟的羊肉串、牛肉串、猪肉串，隐藏在肉中的旋毛虫未被高温杀死而进入人体，会导致旋毛虫病。旋毛虫幼虫进入消化道后，可以很快发育为成虫。成虫交配后，雌虫可产出成千上万条幼虫、幼虫钻进肠黏膜内的小血管，可随血液分布到全身，最后在横纹肌里定居下来。经过 1~2 个月，幼虫逐渐发育并在周围形成包囊。到 6~7 个月时，包囊开始钙化。部分幼虫可在其中存活 10~30 年。当幼虫在全身移行时，还能引起变态反应。临床上表现为持续性高热，全身肌肉疼痛，面部水肿或咀嚼、吞咽、说话困难。部分患者出现类似心肌炎的表现，甚至出现肺、肝、肾等器官的病变。重症患者可出现恶病质、脱水和虚脱，或因毒血症、心肌炎而死亡。据国内报道，这种病的死亡率约为 3%。因此千万别吃生肉或未烤熟的肉串。

第十二章　食品安全消费维权

第一节　维权有法

一、我国目前食品安全法规概况

我国 2009 年 6 月 1 日开始实施的《中华人民共和国食品安全法》明确了立法目的、适用范围，对食品安全风险监测和评估、食品安全标准、食品安全控制（生产经营中的食品安全控制制度、食品进出口管理、食品召回制度）食品检验制度、食品安全事故处置机制、政府监管机构及其职权、法律责任（食品生产经营者责任、第三人责任、政府责任）等作了明确规定。从食品安全法律的调整对象来看，属于经济法类的法律。食品安全涉及民生重大问题，各国政府都十分重视。我国目前涉及食品安全的法规政策中，属于法律层次方面的有：《中华人民共和国食品安全法》《中华人民共和国消费者权益保护法》《中华人民共和国产品质量法》《中华人民共和国烟草专卖法》《中华人民共和国传染病防治法》《中华人民共和国野生动物保护法》《中华人民共和国渔业法》《中华人民共和国种子法》《中华人民共和国进出口商品检验法》《中华人民共和国药品管理法》等；属于行政法规与行政规章的有《国务院办公厅关于加强液态奶生产经营管理的通知（国办发〔2005〕24 号）》《国务院办公厅关于加强饮用水安全保障工作的通知（国办发〔2005〕45 号）》《关于进一步明确食品安全监管部门职责分工有关问题的通知（中央编办发〔2004〕35 号）》

《国务院关于进一步加强食品安全工作的决定（国发〔2004〕23号）》《国务院办公厅关于印发食品安全专项整治工作方案的通知（国办发〔2004〕43号）》《国务院办公厅关于印发〈全国高致病性禽流感应急预案〉的通知（国办发〔2004〕12号）》《国务院办公厅关于实施食品药品放心工程的通知（国办发〔2003〕65号）》《国务院办公厅转发教育部、卫生部关于加强学校卫生防疫与食品卫生安全工作的意见（国办发〔2003〕69号）》等。

二、卫生安全工作意见的通知

《中华人民共和国食品安全法》解读。

2009年2月28日，第十一届全国人大常委会第七次会议审议通过了《中华人民共和国食品安全法》（以下简称《食品安全法》），于2009年6月1日正式施行，同年7月20日，国务院又颁布实施了与食品安全法律相配套的《中华人民共和国食品安全法律实施条例》（以下简称《实施条例》）。食品安全法律对规范食品生产经营活动，防范食品安全事故的发生，增强食品安全监管工作的规范性、科学性和有效性，提高我国食品安全整体水平，切实保证食品安全，保障公众身体健康和生命安全，具有重要意义。

《食品安全法》分为10章共154条，涉及食品安全监管体制、食品安全风险监测和评估、食品安全标准、食品生产经营、食品检验与进出口、食品安全事故处理、食品监督检查与法律责任等内容。

（一）食品安全监管体制

食品安全监管体制是指食品安全监管的职责划分和权力划分的方式和组织制度。为了完善食品安全监管体制，食品安全法律着重从以下几个方面作了规定。

第一，对国务院有关食品安全监管部门的职责进行明确界定。国务院质量监督、工商行政管理和国家食品药品监督管理部门依照食品安全法律和国务院规定的职责，分别对食品生产、食品流通、餐饮服务活动实施监督管理。国务院卫生行政部门承担食品安全综合协调职责，负责食品安全风险评估、食品安全标准制定、食品安全信息公布、食品检验机构的资质认定条件和检验规范的制定，组织查处食品安全重大事故。

第二，在县级以上地方人民政府层面，进一步明确工作职责，理顺工作关系。县级以上地方人民政府统一负责、领导、组织、协调本行政区域的食品安全监督管理工作，建立健全食品安全全程监督管理的工作机制；统一领导、指挥食品安全突发事件应对工作；完善、落实食品安全监督管理责任制，对食品安全监督管理部门进行评议、考核。县级以上地方人民政府依照本法和国务院的规定确定本级卫生行政、农业行政、质量监督、工商行政管理、食品药品监督管理部门的食品安全监督管理职责。有关部门在各自职责范围内负责本行政区域的食品安全监督管理工作。由于有的食品安全监管部门实行省以下垂直领导，食品安全法律规定上级人民政府所属部门在下级行政区域设置的机构应当在所在地人民政府的统一组织、协调下，依法做好食品监督管理工作。

第三，为防止各食品安全监管部门各行其是、工作不衔接，食品安全法律规定县级以上卫生行政、农业行政、质量监督、工商行政管理、食品药品监督管理部门应当加强沟通、密切配合，按照各自的职责分工，依法行使职权，承担责任。

第四，为了使食品安全监管体制运行更加顺畅，食品安全法律规定，国务院设立食品安全委员会，其工作职责由国务院规定。

第五，食品安全法授权国务院根据实际需要，可以对食品安全监督管理体制作出调整。

（二）食品安全风险监测和评估

食品安全风险监测，是通过系统和持续地收集食源性疾病、食品污染以及食品中有害因素的监测数据及相关信息，并进行综合分析和及时通报的活动。

保障食品安全是国际社会面临的共同挑战和责任。各国政府和相关国际组织在解决食品安全问题、减少食源性疾病、强化食品安全体系方面不断探索，积累了许多经验，食品安全管理水平不断提高，特别是在风险评估、风险管理和风险交流构成的风险分析理论与实践上得到广泛认同和应用。我国为做好食品安全风险监测工作，根据《食品安全法》及其实施条例的规定，2010年卫生部、工业和信息化部、工商总局、质检总局、食品药品监管局等五部门联合制定了《食品安全风险监测管理规定（试行）》，公布了食品安全的国家标准，对食品安全风险监测第一次进行了法律界定与约束。详细内容如下。

第一，食品安全法律规定，国家建立食品安全风险监测制度，对食源性疾病、食品污染以及食品中的有害因素进行监测。国务院卫生行政部门会同国务院其他有关部门制定、实施国家食品安全风险监测计划。省、自治区、直辖市人民政府卫生行政部门根据国家食品安全风险监测计划，结合本行政区域的具体情况，组织制订、实施本行政区域的食品安全风险监测方案。国务院农业行政、质量监督、工商行政管理和国家食品药品监督管理等有关部门获知有关食品安全风险信息后，应当立即向国务院卫生行政部门通报。国务院卫生行政部门会同有关部门对信息核实后，应当及时调整食品安全风险监测计划。

第二，食品安全法律等相关法律规定，国家建立食品安全风险评估制度，对食品、食品添加剂中生物性、化学性和物理性危害进行风险评估。关于食品安全风险评估的启动，国务院卫生行政部门通过食品安全风险监测或者接到举报发现食品可能存在安全隐患的，应当立即组织进行检验和食品安全风险评估。国务院农业行政、质量监督、工商行政管理和国家食品药品监督管理等有关部门应当向国务院卫生行政部门提出食品安全风险评估的建议，并提供有关信息和资料。关于食品安全风险评估的具体操作，国务院卫生行政部门负责组织食品安全风险评估工作，成立由医学、农业、食品、营养等方面的专家组成的食品安全风险评估委员会进行食品安全风险评估。食品安全风险评估应当运用科学方法，根据食品安全风险监测信息、科学数据以及其他有关信息进行。食品安全风险评估结果是制定、修订食品安全标准和对食品安全实施监督管理的科学依据。

（三）关于食品安全标准

食品安全法颁布实施前，我国在食品安全标准方面存在着政出多门、标准缺失、标准"打架"以及标准过高或过低等问题，《食品安全法》及其《实施条例》对食品安全的标准范围、指定各层级标准的制定与发布主体、制定方法，食品安全地方标准与企业标准的地位做了详细的规定。《实施条例》第三条规定，"食品生产经营者应当依照法律、法规和食品安全标准从事生产经营活动，建立健全食品安全管理制度，采取有效管理措施，保证食品安全"，为食品安全标准增加一层保障。

首先，为防止食品安全标准畸高畸低，食品安全法规定制定食品标准应当以保证公众身体健康为宗旨，做到科学合理、安全可靠。同时明确规定，食品安全标准是强制执行的标准，除食品安全标准外，不得制定其他的食品强制性标准。

其次，食品安全法规定食品安全国家标准由国务院卫生行政部门负责制定、公布，国务院标准化行政部门提供国家标准编号。制定食品安全国家标准，应当依据食品安全风险评估结果并充分考虑食用农产品质量安全风险评估结果，参照相关的国际标准和国际食品安全风险评估结果，并广泛听取食品生产经营者和消费者的意见。国务院卫生行政部门应当对现行的食用农产品质量安全标准、食品卫生标准、食品质量标准和有关食品的行业标准中强制执行的标准予以整合，统一公布为食品安全国家标准。

最后，就食品安全地方标准和企业标准的地位问题，食品安全法规定没有食品安全国家标准的，可以制定食品安全地方标准。对于企业标准，企业生产的食品没有食品安全国家标准或者地方标准的，对此应当制定企业标准，作为组织生产的依据；国家鼓励食品生产企业制定严于食品安全国家标准或者地方标准的企业标准。

（四） 食品生产经营

法律规定了食品安全标准仅仅是食品安全的前提，而食品生产经营才是保证食品安全关键环节。为此，《食品安全法》及其《实施条例》对食品生产经营企业的设立程序、批准部门、应当具备的条件、特许食品生产经营企业许可证有效期限、食品生产经营企业的生产、经营管理制度的建立做了明确的规定。尤其对声称具有特定保健功能的食品生产经营企业做出更严格的管理规定。如法律规定，声称具有特定保健功能的食品不得对人体产生急性、亚急性或者慢性危害，其标签、说明书不得涉及疾病预防、治疗功能，内容必须真实，应当载明适宜人群、不适宜人群、功效成分或者标志性成分及其含量等；产品的功能与成分必须与标签、说明书相一致。有关监督管理部门应当依法履职，承担责任。同时，食品安全法律规定了建立食品召回制度、停止经营制度，要求食品生产者发现其生产的食品不符合食品安全准则时，应当立即停止生产，召回已经上市销售的食品，通知相关生产经营者和消费者，并记录召回和通知情况。食品经营者发现其经营的食品不符合食品安全标准，应当立即停止经营，通知相关生产经营者和消费者，并记录停止经营和通知情况。食品生产者认为应当召回的，应当立即召回。食品生产者应当对召回的食品采取补救、无害化处理、销毁等措施，并将食品召回和处理情况向县级以上质量监督部门报告。食品生产经营者未依照本条规定召回或者停止经营不符合食品安全标准的食品的，县级以上质量监督、工商行政管理、食品药品监督管理部门可以责令其召回或者停止经营。另外，食品安全法律对食品广告的发布也做出严格的管理规定。要求食品广告的内容应当真实合法，不得含有虚假、夸大的内容，不得涉及疾病预防、治疗功能。食品安全监督管理部门或者承担食品检验职责的机构、食品行业协会、消费者协会不得以广告或者其他形式向消费者推荐食品。社会团体或者其他组织、个人在虚假广告中向消费者推荐食品，使消费者的合法权益受到损害的，与食品生产经营者承担连带责任。

（五）食品安全检验与进出口

食品安全检验与进出口是食品生产、流通中的一道重要关口，也是防范食品安全事件发生的最后一道关口。食品安全法律对食品的检验与进出口作出了如下规定：

首先，明确食品检验由食品检验机构指定的检验人独立进行。食品检验实行食品检验机构与检验人负责制。食品检验报告应当加盖食品检验机构公章，并有检验人的签字或者盖章。食品检验机构和检验人对出具的食品检验报告负责。

其次，明确食品安全监督管理部门对食品不得实施免检。同时明确规定，进行抽样检验，应当购买抽取的样品，不收取检验费和其他任何费用。

最后，要求进口的食品、食品添加剂以及食品相关产品应当符合我国食品安全国家标准。进口尚无食品安全国家标准的食品，或者首次进口食品添加剂新品种、食品相关产品新品种，进口商应当向国务院卫生行政部门提出申请并提交相关的安全性评估材料。国务院卫生行政部门依法做出是否准予许可的决定，并及时制定相应的食品安全国家标准。同时，要求完善风险预警机制。法律规定，境外发生的食品安全事件可能对我国境内造成影响，或者在进口食品中发现严重食品安全问题的，国家出入境检验检疫部门应当及时采取风险预警或者控制措施，并向国务院卫生行政、农业行政、工商行政管理和国家食品药品监督管理部门通报。

（六）食品安全事故处理

食品安全事故发生后应当及时采取救援工作，避免事故的进一步扩大。食品安全法律就食品安全事故发生后的应急预案、事故报告制度、处置措施做了较详细的规定。首先，规定了事故发生单位和接收病人进行治疗的单位应当及时向事故发生地县级卫生部门报告。农业行政、质量监督、工商行政管理、食品药品监督管理部门在日常监督管理中发现食品安全事故，或者接到有关食品安全事故的举报，应当立即向卫生行政部门通报。发生重大食品安全事故的，接到报告的县级卫生行政部门应当按照规定向本级人民政府和上级人民政府卫生行政部门报告。县级人民政府和上级人民政府卫生行政部门应当按照规定上报。其次，规定了事故发生后，县级以上卫生行政部门处置食品安全事故的措施，如开展应急救援工作，对因食品安全事故导致人身伤害的人员，卫生行政部门应当立即组织救治；封存被污染的食品用工具及用具，并责令进行清洗消毒；做好信息发布工作，依法对食品安全事故及其处理情况进行发布，并对可能产生的危害加以解释、说明。

（七）食品安全的监督检查

对食品安全的监督管理在《食品安全法》第八章做了明确的规定。要求县级以上卫生行政、质量监督、工商行政管理、食品药品监督管理部门应当按照法定权限和程序履行食品安全监督管理职责；对生产经营者的同一违法行为，不得给予二次以上罚款的行政处罚。

（八）食品安全的法律责任

法律责任是指因违反了法定义务或契约义务，或不当行使法律权利、权力所产生的，由行为人承担的不利后果。法律根据食品生产经营、食品检验者及其从业人员等违法行为的性质、违法行为的违法严重程度、危害结果、情节严重程度，做出相应的处罚措施。承担法律责任的形式有：没收违法所得、罚款、吊销许可证、责令停产停业等行政处罚，构成犯罪的应当承担刑事责任；同时因违法造成他人损失的，应当赔偿损失等。

第一，对特定人员从事食品生产经营、食品检验的资格进行限制。被吊销食品生产、流通或者餐饮服务许可证的单位，其直接负责的主管人员自处罚决定做出之日起五年内不得从事食品生产经营管理工作。违反食品安全法规定，受到刑事处罚或者开除处分的食品检验机构人员，自刑罚执行完毕或者处分决定做出之日起十年内不得从事食品检验工作。

第二，食品安全法规定了生产不符合食品安全标准的食品或者销售明知是不符合食品安全标准的食品，消费者除要求赔偿损失外，还可以向生产者或者销售者要求支付价款十倍的赔偿金。

第三，违反食品安全法的规定，应当承担民事赔偿责任，同时缴纳罚款、罚金，其财产不足以同时支付时，先承担民事赔偿责任。

第二节　维权有路

一、公民食品安全权益保护意识的建立

根据全国各级消费者协会组织统计汇总，我国每年消协受理消费争议案件 30 万件以上，2011 年第一季度共受理消费者投诉138 593 件，其中食品类投诉数量位居前十位（第 4 位）。尽管从2008 年、2009 年和 2010 年受理投诉情况来看，食品投诉量呈逐年下降趋势，但是，2011 年第一季度，食品投诉一改下降态势，同比增长了 9.8 个百分点。在食品投诉中，消费者反映过期、变质等问题的相对较多。

食品安全不仅直接关系到人民群众的身体健康和生命安全，也关系到经济社会的稳定与发展，更重要的是它还关系到我们党和政府的声誉和形象。虽然我国高层领导对食品安全非常重视，国家就食品安全问题制定了专门的法律法规加以规范，但是食品安全事故仍然频发。2011 年 3 月 15 日双汇"瘦肉精事件"曝光正是我国一年一度的消费者权益保护日，颇具戏剧性。河南南阳毒韭菜事件、甘肃平凉牛奶亚硝酸盐中毒事件、上海多家超市多年销售"染色馒头"、神奇"牛肉膏"90 分钟把猪肉变成牛肉、黑芝麻染色浸泡成"墨汁"等事件频频曝光。

近几年，添加在食品、食品原料中的有毒物，如二噁英、苏丹红、三聚氰胺、瘦肉精等，摆到平常百姓餐桌上的有毒食品，如地沟油、"染色馒头"等事件时有发生。这些有害添加剂与有毒食品不但给人们带来恐慌和不安，还造成了重大伤害，如三聚氰胺奶粉事件、山西假酒毒酒案等。有害食品添加剂、有毒食品如影随形，时时刻刻出现在我们面前，食品安全事件防不胜防。民以食为天，食以安为先，面对到处充满着不安全的食品，我们无法选择不吃不喝。既然如此，在寄希望于国家在规范食品生产经营、加强食品安全保障、积极采取措施防止食品安全事件发生、加大力度打击食品生产经营者违法犯罪行为的同时，消费者本身也应具有预防食品安全事件发生的意识，适当掌握一些食品安全知识。在发生食品安全事件时，应当具备维护自己权益的意识，了解通过哪些途径维护自己的权益。

二、食品消费者权益保护途径

食品安全事件发生后，作为食品安全事件受害人的消费者应当懂得如何维护自己的权益，让自己的合法权利得到保护。通常可以通过自救行为、协商与和解、调解、仲裁、诉讼等途径得以实现。

（一）消费者自救行为

所谓自救行为又称为自助行动，是指权利人为保护自身的权利，在情况紧急而又不能及时请求国家机关救助的条件下，依靠自身力量对他人的财产或自由施加扣押、毁损或拘束等强力影响，而为法律或社会公德所认可的行为。自救行为是相对公力救济而言的，也就是说，在一定条件下，法律可设立这样一项制度：若当自己的权益被侵害而来不及请求公力救济时，为了维护自己的合法权益，而对侵权人采取适当的强制措施被视为合法，则不仅能有效地扼制侵权损害后果之扩大，而且也能成为在公力救济不济情形下的一种补充。自救行为对自己权利的救济有迅速和代价低廉的优点，因而，无论是在法制健全、公民权利保护完善的国家，还是在法制相对落后的国家，自救行为都存在着现实性基础，它在民法上属于损害赔偿的问题，在刑法中则被视为阻却违法事由的问题。社会实践证明，在立法和执法过程中认可自救行为，对保护公民合法权益、预防犯罪以及维护正常的社会秩序是十分必要的。但是，自救行为在实践中受到较严格的限制，自救行为人不应超过必要的限度，从而造成不应有的损害。

在食品安全事件中，食品消费者因食品安全事故造成损害能否采取自救行为使自己的权利得到救济，目前没有明确的法律规定，应当根据个案具体情况处理。自救行为适用比较窄小。我们认为，消费者在食品安全事故发生后应当尽量采用公力救济途径维护自己的权益。

（二）协商和解

消费者与生产、经营者自愿协商，达成和解协议。

（1）协商和解的含义及适用。所谓协商和解，是指当事人双方在平等自愿的基础上，本着公平、合理解决问题的态度和诚意，交换意见、取得沟通，使问题得到解决的一种方式。

食品消费者在发现自己的权益受到侵害，或就与自己利益有关的问题与经营者或生产者发生分歧时，可以主动与经营者或生产者联系，提出自己的要求和看法，进而达到解决争议的目的。这种方式具有简便、高效、经济的特点，适合一般涉及消费者争议标的不大的、案情比较简单的案件。协商在实际生活中使用得最普遍，如果这种方式一旦被接受，消费者的合法权益将会得到及时保护，并且能够尽快地投入到正常工作与生活中，避免过于损耗自己的时间与精力，同时经营者在利润和商誉上也不会受到损害。这种方式对于市场经济发展和社会秩序稳定都不会产生任何消极的影响，与其他的途径相比成本最低，无论是对消费者还是经营者，它都不失为一种理想的途径，因而也是世界各国消费者与经营者解决纠纷的首选方式。

（2）协商和解的局限性。协商和解的效果主要取决于消费者个人的力量和经营者的态度，在双方协商过程中，因双方处于一种互动的关系中，只有双方都遵循诚实信用的原则，才能在利益平衡的基础上达成和解协议。消费者与强大的经营者相比处于弱势地位，无法与具有优势地位的经营者抗衡，如果经营者以消费者的利益为重，就会为消费者解决问题。由于协商解决纠纷达成的协议缺乏国家强制力，它可能使消费者在遇到不负责任的经营者的时候消耗精力、时间而问题仍得不到解决。如果经营者不讲信用，就可能会推诿、逃避责任，那样消费者的利益就得不到保障。

（3）协商和解时应注意的事项。食品消费者在自己的合法权益受到假冒、伪劣、有毒、有害的食品损害，准备采取协商和解的方式予以解决时，应注意以下几个方面的问题。

①准备好翔实、充足的证据和必要的证明材料。如载有具体购货时间、品种名称、数量，并加盖经销部门公章的购物发票、食品说明书等。

②要坚持公平合理、实事求是的原则。在与经营者协商时，要阐明问题发生的事实经过，提出自己合理的要求。必要时可指明所依据的法律条文，以使问题得到尽快解决。

③注意时效性。有些问题的解决具有一定的时效性，不要被经营者的拖延所蒙蔽而一味地等待。像有关食品、饮料的质量问题，一旦超过一定时间，检验机构就无法检验。因此，如果在证据确凿、事实明确的情况下，经营者还故意推诿、逃避责任，消费者就要果断地采取其他方式来求得问题的解决。

（三）请求消费者协会调解

（1）调解的含义与适用。《中华人民共和国消费者权益保护法》（以下简称《消费者权益保护法》）规定，消费者协会是依法成立的对商品和服务进行社会监督的保护消费者合法权益的社会团体。《消费者权益保护法》明确消费者协会具有七项职能，其中之一是对消费者的投诉事项进行调查、调解。消费者协会调解是指消费者和经营者将争议提交消费者协会居中调和，双方相互协商调解，从而达成解决争议的方式。法律规定，消费者协会作为保护消费者权益的社会团体，调解经营者和消费者之间的争议，应依照法律、行政法规及公认的商业道德从事，并由双方自愿接受和执行。

（2）消费者协会进行调解的过程与要求。消费者协会调解的过程分为三个阶段，一是受理消费者的投诉；二是消费者协会要求经营者处理、答复；三是组织调解。

消费者投诉，是指消费者为生活消费需要购买、使用商品或者接受服务，与经营者之间发生消费者权益争议后，请求消费者权益保护组织调解，要求保护其合法权益的行为。

消费者在购买、使用商品或接受服务过程中受到侵害，有时因为标的金额较小，消费者不愿意花太多的时间、金钱和精力向仲裁机构申请仲裁或向人民法院起诉。但这些小事如果不及时地解决处理，往往又会纵容不法经营者继续侵害消费者的合法权益，故选择向消费者权益保护组织（我国是消费者协会）请求调解，以便尽快解决争议，维护自己的合法权益。

消费者协会接受消费者的投诉，实行以地域管辖为主、级别管辖为辅的原则。消费者投诉可以采取电话、信函、面谈、互联网形式进行。但无论采取哪种形式，都要有以下内容：投诉方及被投诉方基本情况、具体的投诉内容、具体的证据、具体的投诉请求、投诉的日期。

（3）消费者协会调解的局限性。消费者协会受消费者委托时，是代表消费者利益的，是消费者的代理人。受理消费者投诉、为消费者排忧解难并进行处理是消费者协会直接帮助消费者，可以说消费者协会的调解对消费者的合法权利在总体上起到了很重要的作用，它缓解了消费者和经营者之间的部分冲突，承担了一部分社会负担，也是市场经济建设中不可缺少的润滑剂。民间社会组织的调解不仅在我国，在其他国家也是保护消费者权益的重要途径。但是消费者协会调解具有一定局限性。由于消费者协会等民间组织没有法律强制力，实际工作起来没有威慑力度，常常力不从心，使它的作用在很大程度上受到了限制。经过消费者协会调解后，如果消费者与经营者一方不接受调解协议，调解协议则成了一纸空文，浪费了消费者、经营者的时间、人力与精力。尤其是有些经营者因缺乏诚信，可以利用调解来拖延解决争议的时间，使得消费者因久调不决而对消费者协会丧失信心，从而放弃求偿权。

（4）调解时应当注意的问题。适用消费者协会调解方式解决争议需要注意的是，在调解过程中，消费者协会不得包办当事人的意思，并且调解协议不具有强制执行力。经过调解达成的协议，如果一方当事人反悔，或者经营者不履行协议，消费者可采取其他方式解决争议。

（四）向有关行政部门申诉

政府有关行政部门依法具有规范经营者的经营行为，维护消费者合法权益和市场经济秩序的职能。消费者权益争议涉及的领域很广，当权益受到侵害时，消费者可根据具体情况，向不同的行政职能部门，如物价部门、工商行政管理部门、技术质量监督部门等提出申诉，求得行政救济。

（1）行政申诉的概念与适用。行政申诉是指公民或者法人认为自己的合法权益受到损害而向行政机关提出的、要求行政机关予以保护的请求。行政申诉提出后，由行政机关依法做出处理决定，及行政机关解决一定范围内带有民事性质的争议案件的活动，属于行政裁判行为的一种类型。我国《消费者权益保护法》规定，"各级人民政府应当加强领导、组织、协调、督促有关行政部门做好保护消费者合法权益的工作"。并规定："各级人民政府应加强监督，预防危害消费者人身、财产安全行为的发生，及时制止危害消费者人身、财产安全的行为。"另外《消费者权益保护法》第二十八条明确规定："各级人民政府工商行政管理部门和其他有关行政部门依据法律、法规的规定，在各自的职权范围内，采取措施，保护消费者的合法权益。有关行政部门应当听取消费者及其他社会团体对经营者的交易行为、商品和服务质量问题的意见，及时调查处理。"

（2）消费者通过申诉的方式解决消费者与经营者的纠纷具有如下优点。

①以申诉的方式解决与协商、调解相比较，申诉的程序比较正规，对于消费者来说可靠性会更强些。《工商行政管理机关受理消费者申诉暂行办法》规定了工商行政管理机关受理消费者申诉的程序，包括时间规定、回避制度等，这些程序上的规定保证了工商行政管理部门处理行政申诉的正确性和可靠性，所以消费者可以放心地将纠纷交予工商行政管理部门解决。

②以申诉方式解决消费纠纷会更经济。《工商行政管理机关受理消费者申诉暂行办法》规定行政申诉的费用由败诉方承担。对于小额的消费纠纷，以申诉的方式解决，会更有利于消费者，不会出现赢了官司赔了钱的后果。

③另外，申诉还有高效、快捷的特点。《工商行政管理所处理消费者申诉实施办法》规定，以普通程序解决消费纠纷的时间是60 天，对于争议金额较小的消费纠纷可以采用简易程序，花费的时间会更短，同其他保护途径相比效率要高。

（五）向仲裁机构申请仲裁

（1）仲裁的含义与适用。解决消费者争议的另一种方式是由仲裁机构仲裁。仲裁也称"公断"，是指发生纠纷的当事人，自愿将他们之间的争议提交仲裁机构进行裁决的行为。消费纠纷应当以1994 年 8 月 31 日第八届全国人大常委会第九次会议通过的《中华人民共和国仲裁法》（以下简称《仲裁法》，2017 年修订）的规定进行。与其他处理消费纠纷的方式相比，仲裁是由消费者、经营者、仲裁机构三方当事人参加，但是必须有仲裁协议，才能申请仲裁。它是一种准司法活动，并具有公正性、权威性、经济性、快速性、保密性强的优点。

根据《仲裁法》第十五条规定："仲裁委员会是中国仲裁协会的会员。"仲裁委员会，是指依法成立的有权根据仲裁协议受理一定范围的经济纠纷，进行法院外仲裁的机构。而仲裁协会是社会团体法人，由此可见我国仲裁委员会属非政府民间机构。根据《仲裁法》的规定，我国大中城市，即省、自治区、直辖市人民政府所在地，以及有建立仲裁机构需要的其他设区的市，都应设有仲裁委员会，仲裁委员会没有级别管辖和地域管辖。因仲裁机构只在设区的市设立，其他地区的消费者如果想以这种方式解决纠纷将会非常的不便利。而且只要有一方不愿意选择仲裁的方式，仲裁机构将不受理。所以这种途径在我国并不被争议当事人看好，现在选择仲裁方式解决消费纠纷的不太多。

（2）仲裁裁决的效力。仲裁裁决属于终局裁决，当事人必须遵守，根据仲裁裁决履行自己的义务，实现自己的权利，具有法律强制执行力。如果仲裁裁决程序合法，即使法院也无法推翻。如果一方当事人不履行仲裁裁决赋予他的义务，另一方当事人可以申请人民法院强制执行，因此，仲裁具有准司法性。

（六）向司法提起诉讼

诉讼是当事人维护自己合法权利最后一道屏障，也是最具法律效力的解决争议的途径。在我国，消费者在经协商、调解无法达成解决纠纷的协议时，还可以向人民法院起诉，要求解决争议。消费者的诉讼可分为民事诉讼、行政诉讼、刑事诉讼 3 种。消费者通过诉讼方式解决争议主要是民事诉讼。由于起诉的条件、时限、管辖范围、法院审理程序等，民事诉讼法等法律法规有详细的规定，此处不赘述。

三、解决消费者与经营者之间争议的几项特定规则

（1）销售者的先行赔付义务。消费者在购买、使用商品时，其合法权益受到损害的，可以向销售者要求赔偿。销售者赔偿后，属于生产者的责任或者属于向销售者提供商品的其他销售者的责任的，销售者有权向生产者或者其他销售者追偿。

（2）生产者与销售者的连带责任。消费者或者其他受害人因

商品缺陷造成人身、财产损害的，可以向销售者要求赔偿，也可以向生产者要求赔偿。属于生产者责任的，销售者赔偿后有权向生产者追偿。属于销售者责任的，生产者赔偿后有权向销售者追偿。此时，销售者与生产者被看作一个整体，对消费者承担连带责任。

（3）消费者在接受服务，其合法权益受到损害时，可以向服务者要求赔偿。

（4）变更后的企业仍应承担赔偿责任。企业的变更是市场经济活动中常见的现象。为防止经营者利用企业变更之机逃避对消费者应承担的损害赔偿责任，《消费者权益保护法》规定：消费者在购买、使用商品或者接受服务时，其合法权益受到损害，因原企业分立、合并的可以向变更后承受其权利义务的企业要求赔偿。

（5）营业执照持有人与租借人的赔偿责任。出租、出借营业执照或租用、借用他人营业执照是违反工商行政管理法规的行为。

《消费者权益保护法》规定：使用他人营业执照的违法经营者提供商品或者服务，损害消费者合法权益的，消费者可向其要求赔偿，也可以向营业执照的持有人要求赔偿。

（6）展销会举办者、柜台出租者的特殊责任。通过展销会、出租柜台销售商品或者提供服务，不同于一般的店铺营销方式。为了在展销会结束后或出租柜台期满后，使消费者能够获得赔偿，《消费者权益保护法》规定，消费者在展销会、租赁柜台购买商品或者接受服务，其合法权益受到损害的，可以向销售者或服务者要求赔偿。展销会结束或者柜台租赁期满后，也可以向展销会的举办者、柜台的出租者要求赔偿。展销会的举办者、柜台的出租者赔偿后，有权向销售者或者服务者追偿。

（7）虚假广告的广告主与广告经营者的责任。广告对消费行为的影响是人尽皆知的。为规范广告行为，《中华人民共和国广告法》《消费者权益保护法》均对虚假广告作了禁止性规定。《消费者权益保护法》规定，当消费者因虚假广告而购买、使用商品或者接受服务时，若合法权益受到损害，可以向利用虚假广告提供商品或服务的经营者要求赔偿。广告的经营者发布虚假广告的，消费者可以请求行政主管部门予以惩处。广告的经营者不能提供经营者的真实名称、地址的，应当承担赔偿责任。

参考文献

倪楠，2018. 中国农村食品安全监管制度实施问题研究 ［M］. 北京：法律出版社.

王科敏，钱志伟，2019. 农村食品安全知识读本 ［M］. 郑州：海燕出版社.

张志国，2017. 农村食品安全知识读本 ［M］. 北京：中国医药科技出版社.